中国家庭金融调查

第六轮

研｜究｜报｜告

甘 犁 弋代春 彭嫦燕 何 青◎等著

The China Household
Finance Survey Report
（Wave 6）

西南财经大学出版社

中国·成都

图书在版编目(CIP)数据

中国家庭金融调查(第六轮)研究报告/甘犁等著.
成都:西南财经大学出版社,2025.5. --ISBN 978-7-5504-6705-7
Ⅰ. TS976. 15
中国国家版本馆 CIP 数据核字第 202515LX93 号

中国家庭金融调查(第六轮)研究报告
ZHONGGUO JIATING JINRONG DIAOCHA (DI LIU LUN) YANJIU BAOGAO

甘　犁　弋代春　彭嫦燕　何　青　等著

策划编辑:杜显钰
责任编辑:杜显钰
责任校对:廖术涵
封面设计:墨创文化
责任印制:朱曼丽

出版发行	西南财经大学出版社(四川省成都市光华村街 55 号)
网　　址	http://cbs. swufe. edu. cn
电子邮件	bookcj@ swufe. edu. cn
邮政编码	610074
电　　话	028-87353785
照　　排	四川胜翔数码印务设计有限公司
印　　刷	四川五洲彩印有限责任公司
成品尺寸	185 mm×260 mm
印　　张	14. 75
字　　数	334 千字
版　　次	2025 年 5 月第 1 版
印　　次	2025 年 5 月第 1 次印刷
书　　号	ISBN 978-7-5504-6705-7
定　　价	88. 00 元

前言
Foreword

中国家庭金融调查与研究中心（以下简称"中心"）于 2010 年成立。中心组织实施的中国家庭金融调查（China Household Finance Survey, CHFS）是一项覆盖全国的大型社会抽样调查项目。该调查致力于收集家庭微观层面的金融与经济活动信息，旨在为学术研究提供高质量的微观数据支持，同时为政府部门的精准决策提供数据基础和政策参考。

自 2011 年首次开展调查以来，中心每两年进行一次，至今已成功完成七轮。调查内容广泛且深入，包括人口特征与就业、生产经营性资产、住房资产、土地及其他有形资产、家庭金融资产、家庭负债、家庭收入与支出、社会保障与保险等多个维度，有效勾勒出中国家庭经济与金融活动的全貌，为人们深入理解家庭经济行为提供了翔实的第一手资料。

本书基于第六轮中国家庭金融调查数据，对我国家庭的人口与就业状况、家庭金融资产与非金融资产结构、家庭负债情况、收入与支出模式，以及社会保障与保险状况进行了全方位分析。基于详尽的数据分析，本书力求全面客观呈现中国家庭经济与金融活动的现状，帮助读者更加深刻地理解我国家庭的经济与金融决策行为及其背后的影响因素。此前，中心先后出版了系列报告，包括《中国家庭金融调查报告·2012》（荣获第五届中华优秀出版物奖图书提名奖）、《中国家庭金融调查报告·2014》［荣获第八届高等学校科学研究优秀成果奖（人文社会科学）二等奖］、《中国家庭金融研究（2016）》、《中国家庭金融研究（2018）》及《中国家庭金融研究（2020）》（获得 2021 年国家出版基金资助、入选 2023 年"四川好书"）。这些报告持续记录了中国家庭的经济生活动态，追踪了经济行为的演变轨迹。

本书基本延续了已出版报告的框架体系，但由于问卷设计的更新和部分指标计算方法的调整，如家庭收入、支出等的分析口径与以往相比略有不同，因此读者在将其与此前报告进行纵向比较时，需要特别注意可比性问题。

　　全书共分为十章：第一章介绍了中国家庭金融调查的总体设计，包括抽样方法、数据采集过程、质量控制及调查质量表现；第二章分析了家庭成员的人口统计学特征、户籍及人口流动情况、就业及收入状况；第三章描述了家庭的总资产规模、净财富分布及资产结构特征；第四章聚焦于家庭的生产经营活动，详细分析了农业和工商业经营的参与情况、经营投入及经营效益等；第五章研究家庭的住房资产状况，包括住房资产配置、居住情况、住房消费特点、小产权房问题，以及房产在家庭总财富配置中的重要角色；第六章关注了汽车、耐用品等其他非金融资产的配置及价值；第七章探讨了家庭的金融资产持有与配置，涉及银行存款、理财产品、股票、基金等金融资产种类；第八章深入研究了家庭的负债行为，分析了总体负债情况、不同负债渠道及其规模、不同用途信贷的获得和需求情况，以及家庭的债务风险；第九章探讨了家庭的收入和支出结构，展示了总收入、消费性支出、转移性支出和保险支出的详细情况；第十章分析了家庭成员在社会保障项目（养老保险、医疗保险、失业保险、住房公积金）及商业保险参与方面的现状与特征。

　　"让中国了解自己，让世界认识中国。"这是中国家庭金融调查团队始终坚守的初心与使命。本书在深入贯彻落实党中央关于"在全党大兴调查研究之风"的重要指示精神的基础上，依托第六轮调查数据，深入细致地描述、分析了中国家庭的各项经济与金融决策行为。这不仅有助于家庭更加清晰地认识自身的金融状况，提升金融素养，优化经济决策，也能帮助读者从家庭微观视角出发，更好地理解宏观经济和社会的发展脉络。我们相信，本书的出版将为政府决策部门、金融机构及各行业组织提供重要的参考与启示，进一步服务于学术研究、政策制定和实体经济发展。

　　需要特别指出的是，第六轮调查的开展正值新冠疫情暴发，项目实施面临前所未有的挑战。在2021—2022年的调查中，中心的执行部、质控部、数据部、技术部、研究部及后勤部门全体成员克服重重困难，密切配合、迎难而上，最终高质量地完成了调查任务，形成了具有特殊时代背景的重要微观数据。这些数据对新冠疫情后的政策制定与经济社会发展具有重要的实践意义。基于这些数据，本书系统呈现了中国经济的时代特征与未来发展趋势，生动诠释了我国经济高质量发展的坚实基础和强大韧性，为唱响中国经济光明论提供了有力实证。在此，我们特别感谢所有合作单位给予的大力支持。

　　此外，本人负责全书的框架设计，包括章节划分、内容逻辑安排。全书凝聚了各位研究成员的心血和智慧。各章节的分工如下：第一章、第二章、第四章由彭嫦燕、郭良燕撰写，第五章、第六章由弋代春、胥芹撰写，第三章、第七章由弋代春、王香撰写，第八章由何青、王香撰写，第九章、第十章由何青、夏晶晶撰写。本书内容的最终审定由本人负责。

在此，我们谨向为中国家庭金融调查付出辛勤努力的全体参与人员，以及为本书撰写与出版贡献智慧的所有研究人员表示衷心感谢！

2025 年 3 月 1 日

目录
Table of content

1 调查设计

1.1 中国家庭金融调查项目简介

西南财经大学于 2010 年成立中国家庭金融调查与研究中心（以下简称"中心"），并启动了中国家庭金融调查（CHFS）项目。该项目是一项全国性的抽样调查，旨在收集有关家庭金融微观层面的详细信息。调查内容涵盖金融资产与非金融资产、负债与信贷约束、收入、消费、社会保障与商业保险、代际转移支付、人口特征、就业及支付习惯等方面，全面刻画家庭经济与金融行为，为学术研究和政府决策提供高质量的微观家庭金融数据。该调查是针对中国家庭金融领域的全面、系统的入户追踪调查，其成果已形成中国家庭金融微观领域的基础性数据库，并向社会各界的研究者开放共享。

依托系列调查，中心构建了"中国宏观形势季度数据""中国小微企业数据""中国社区基层治理调查数据"等多维度的中国微观数据体系，以服务国民经济、财税事业和宏观经济可持续发展为目标，以实地调研为基础，整合多方数据来源，形成了时效性强、质量高的大型微观数据库。通过构建专业化数据服务体系，中心为学术研究者提供了丰富且实用的数据资源，有效拓展了其分析方法和研究手段；同时，为政策制定者提供了珍贵的第一手资料，有力地服务于国计民生，创造了显著的社会价值和科学价值。

中国家庭金融调查（以下简称"调查"）于 2011 年起在全国范围内开展，每两年进行一次入户追踪调查。以下是第一轮到第六轮调查的具体情况：

2011 年基线调查：覆盖 25 个省①（自治区、直辖市），80 个县②，320 个村（居）委会，样本规模达 8 438 户，数据具有全国代表性。

2013 年第二轮调查：覆盖 29 个省③（自治区、直辖市），267 个县，1 048 个村（居）委会，样本规模达 28 141 户，追踪访问 2011 年样本 6 846 户，数据具有全国及省级代表性。

---

① 2011 年的中国家庭金融调查未采集福建省、海南省、宁夏回族自治区、新疆维吾尔自治区、西藏自治区、内蒙古自治区、香港特别行政区、澳门特别行政区、台湾省 9 个省级行政区的数据。

② 在抽样范围中，县的类型包括市辖区、县级市、县等各类县级行政区。

③ 2013 年起，中国家庭金融调查追加福建省、海南省、宁夏回族自治区、内蒙古自治区 4 个省级行政区，未采集西藏自治区、新疆维吾尔自治区、香港特别行政区、澳门特别行政区、台湾省 5 个省级行政区的数据。

2015 年第三轮调查：覆盖 29 个省（自治区、直辖市），351 个县，1 396 个村（居）委会，样本规模达 37 289 户，追踪访问 2013 年样本 21 775 户，数据具有全国、省级及副省级城市代表性。

2017 年第四轮调查：覆盖 29 个省（自治区、直辖市），355 个县，1 428 个村（居）委会，样本规模达 40 011 户，追踪访问 2015 年样本 26 824 户，数据具有全国、省级及副省级城市代表性。

2019 年第五轮调查：覆盖 29 个省（自治区、直辖市），345 个县，1 360 个村（居）委会，样本规模达 34 643 户，追踪访问 2017 年样本 17 494 户，数据具有全国及省级代表性。

2021 年第六轮调查：覆盖 29 个省（自治区、直辖市）、269 个县、1 028 个村（居）委会，样本规模达 22 027 户，追踪访问 2019 年样本 13 136 户，数据具有全国代表性及部分省级代表性。本书主要基于第六轮调查数据对我国家庭的经济与金融行为展开分析。

1.2　抽样设计

为确保样本的随机性和代表性，同时契合中国家庭金融调查聚焦家庭资产配置、消费、储蓄等行为的研究目标，项目采用了分层、三阶段与规模度量成比例（PPS）的抽样设计方案。具体而言，第一阶段在全国范围内抽取县，第二阶段从所抽县中选取村（居）委会，第三阶段在选定的村（居）委会中抽取住户样本。鉴于调查的代表性要求及各年的实际情况，各轮调查的抽样方案和样本量略有差异。

1.2.1　第一、二阶段抽样

中国家庭金融调查与研究中心于 2011 年 7 月—8 月开展了首轮全国性调查。此次调查采用多阶段分层抽样设计，初级抽样单元（PSU）涵盖 25 个省份的 2 585 个县级行政区域。

在第一阶段抽样中，依据人均国内生产总值（人均 GDP）指标将初级抽样单元划分为 10 个层级，并在每个层级中采用与规模度量成比例（PPS）方法抽取 8 个县级单位，最终确定了覆盖 25 个省份的 80 个县级样本。

在第二阶段抽样中，根据各县非农人口比重分配村（居）委会样本量，并随机抽取相应数量的村（居）委会，确保每个县抽取的村（居）委会之和为 4 个。同时，根据调查目标，对富裕的城镇社区实施重点抽样，并相应分配较多的调查户数，从而使每个社区的访问样本量为 20~50 个家庭。在每个抽中的家庭，对符合条件的受访者进行访问，所获取的样本具有全国代表性。需要指出的是，在第一、二阶段抽样时，利用人口统计资料在总体抽样框中进行纸上作业，而在末端抽样阶段，则采用地图地址法进行实地抽样操作。

2013 年，中国家庭金融调查与研究中心对样本进行了大规模扩充。其中，初级抽样单元覆盖全国除西藏自治区、新疆维吾尔自治区及港澳台地区外的所有县级行政区域。为确保数据既具有全国代表性，又具备省级代表性，中心采取了以下具体做法：

在第一阶段，对各省的县级单位按照人均 GDP 进行排序，并在 2011 年已抽取样本的基础上实施对称抽样。具体而言，若某省包含 100 个县，且 2011 年抽取的样本县位于人均 GDP 排序的第 15 位，则相应抽取排序第 85 位的县作为对称样本。当 2011 年样本县的抽样规模不足以满足省级代表性要求时，采用 PPS 方法进行补充抽样，追加县级样本。对于新增的福建省、海南省、宁夏回族自治区、内蒙古自治区，同样采用 PPS 方法抽取县级样本。

在第二阶段抽样中，在所有新抽取的县级单位内，采用随机抽样方法各抽取 4 个村（居）委会。

2015 年（第三轮）与 2017 年（第四轮）的中国家庭金融调查在 2013 年样本量的基础上作了进一步扩展，目的是增强样本在全国、省级及副省级城市层面的代表性。通过这一系列的扩样措施，最终，2017 年的调查构建了一个包含 355 个县、1 428 个村（居）委会的样本框架，覆盖 29 个省（自治区、直辖市），显著增强了样本的广泛性和代表性。

2019 年（第五轮）的调查对样本代表性进行了调整，主要体现在以下三个方面：首先，实施样本轮换机制，终止对自 2011 年起连续参与四轮中国家庭金融调查的样本的追踪；其次，取消自 2015 年起增设的副省级城市样本代表性要求，并对省级样本代表性进行系统性优化；最后，采取双重策略，确保数据的区域代表性，一方面从原有社区中抽取新样本，另一方面在部分省（自治区、直辖市）进行补充抽样。通过上述方法，实现了对除新疆维吾尔自治区、西藏自治区及港澳台地区外的 29 个省（自治区、直辖市）的优质样本覆盖。

第六轮调查于 2021—2022 年分阶段实施。该轮调查在继承以往多阶段分层抽样方法的基础上，进一步优化了抽样设计，特别考虑了复杂抽样框架下的设计效应，以科学确定目标样本量。具体而言，通过计算，确保关键指标（如家庭收入、消费、资产）的全国统计均值的抽样误差控制在 5% 以内，省级指标的抽样误差控制在 10% 以内，从而确定所需的最低样本量。据此，计算出各省（自治区、直辖市）及全国的最低样本量要求。随后，综合考虑调查经费预算、执行可行性及研究目标等因素，对样本量进行适度调整，最终确定了各省（自治区、直辖市）及全国的目标样本量。这一设计既保证了数据的统计精度，又兼顾了实际操作的可行性。

1.2.2　实地绘图和末端抽样

中国家庭金融调查的末端抽样建立在绘制住宅分布图及制作住户清单列表的基础上，

以"住宅分布地理信息"作为抽样框进行科学抽样。末端抽样框的精度高度依赖实地绘图的准确度，因此，提升绘图精度成为确保数据质量的重要手段。

为满足末端样本采集的需求，CHFS 实地绘图采用项目组自主研发的地理信息抽样系统，结合遥感（RS）、全球定位系统（GPS）和地理信息系统（GIS），高效解决了目标区域地理空间地理信息的采集问题。绘图员借助地理信息抽样系统所提供的高精度、数字化影像图和地图，利用平板电脑和 GPS 获取电子数据，并实时输入计算机系统，生成高质量的矢量地图。为确保地图数据的时效性和准确性，中心通过实地核查和人工修正的方式对地理空间数字模型进行调整，构建了与现实地理空间高度一致的虚拟地理空间。

该地理信息抽样系统不仅支持绘图员在电子地图上直接绘制住宅分布图，还能存储住户分布信息，辅助完成末端抽样工作，显著提升了工作效率，降低了绘图误差及抽样误差。此外，地理信息抽样系统便于长期保存住户信息，为调查的持续改进奠定了坚实基础。

末端抽样是指基于绘图生成的住户清单，在样本社区中采用等距抽样方法，随机抽取 20~50 户受访家庭。具体步骤如下：

第一，计算抽样间距，即确定每隔多少户抽取 1 户受访家庭。计算公式为

抽样间距＝住户清单中的总户数÷设计抽取户数

对所得结果向上取整。例如，某社区有 100 户住户，计划抽取 30 户受访家庭，则抽样间距为 4（100÷30≈3.33，向上取整为 4）。

第二，确定随机起点。在第一个抽样间距内采用随机法确定起点。例如，若随机起点为 4，则第一个被抽中的受访家庭是编号为 4 的住户。

第三，确定抽选住户。从随机起点开始，按照抽样间距依次抽选住户。例如，随机起点为 4，抽样间距为 4，则被抽中的受访家庭依次是编号为 4、8、12、16、20 的住户，依此类推，直至抽满 30 户。

在完成上述末端抽样步骤后，访员将进一步对受访家庭进行筛选，确保其满足以下条件：一是主要经济活动在本地；二是家庭成员中至少有一人为中国国籍，且在本地居住满 6 个月。在访问过程中，访员需要对家庭总体情况及每位家庭成员的具体情况进行详细询问。因此，我们需要明确"家庭"的定义。

CHFS 所指的家庭通常由共担生活开支、共享收入的一群人组成。家庭成员包括两类：一类是与受访者住在一起，且共担生活开支、共享收入的人员。需要特别说明的是，轮流居住的老人，如果在调查时点居住在受访者住宅且经济不独立，则算作家庭成员。另一类是不与受访者住在一起，但符合以下情况的人员：由该住户供养的在外学生（包括大中专学生、研究生），未分家的外出人员（包括外出工作、随迁的家属），因探亲访友、旅游、住院、培训、出差等临时外出的人员。以下人员不被视为家庭成员：与受访者住在一起的寄宿者、住家保姆和住家家庭帮工，以及不与受访者住在一起的已分家子女、出嫁人员、挂靠人员、不再供养的学生（包括大中专学生、研究生）。

1.2.3 加权汇总

在中国家庭金融调查的抽样设计框架下，每户家庭被抽中的概率存在差异。为准确推断总体特征，我们需要通过抽样权重调整来提升样本代表性并纠正抽样偏差。本书的所有计算结果都经过了抽样权重调整，以确保推断的科学性和可靠性。

抽样权重的计算基于多阶段抽样，具体步骤如下：

首先，根据每阶段的抽样分别计算调查县被抽中的概率 P_1、调查社区（村）在所属县被抽中的概率 P_2，以及调查样本在所属社区（村）被抽中的概率 P_3。三阶段的抽样权重分别为 $W_1 = 1/P_1$，$W_2 = 1/P_2$，$W_3 = 1/P_3$。

其次，计算每个样本的抽样权重 W：将三阶段的抽样权重相乘，即 $W = W_1 \times W_2 \times W_3$。

最后，为减小样本在城乡分布、性别比例、年龄结构等方面可能存在的偏差，我们会通过规模调整、结构调整、事后分层调整等方式，使样本结构更接近总体结构，从而提高推断的准确度。

1.3 数据采集与质量控制

中国家庭金融调查与研究中心基于国际通用的计算机辅助访问（computer assisted personal interviewing，CAPI）理念与框架，研发了具有自主知识产权的 CAPI 系统和配套管理平台。该系统以计算机为载体，实现入户访问的全程电子化数据采集与管理，有效减少了人为因素导致的非抽样误差，如对答案值域进行预设，从而减少数据录入错误、逻辑跳转错误等，同时增强了数据的安全性，提升了数据的时效性。

数据质量是调查的生命线。要保证数据质量，不仅需要科学设计样本量及调查问卷，还必须针对数据收集的全过程（调查实施的各环节）制定一套严格的质量标准，并系统监测每份样本的调查过程，确保访员遵循规定的程序，力争调查结果达到既定要求。在第六轮调查中[①]，中心在使用 CAPI 系统采集数据的基础上，实施了多维度的数据质量监控。通过将 CAPI 系统与质量监控系统相连接，对回传的访问数据及相关并行数据进行实时分析，中心实现了对调查过程的全方位监控、对每份样本数据的有效核查、对全部异常数值的准确处理。这种监控方式确保了数据质量监控与实地访问工作同步进行，有助于及时发现并指导访员纠正访问中的各种错误和遗漏。

考虑到执行方式及受访者特征的多样性，中心在数据质量监控中采用了多种审核方式，包括换样审核、电话核查、录音监控、数据核查、行走轨迹及键盘记录核查、图片核

---

① 第六轮调查分两年完成，即实际实施调查的年份涉及 2021 年和 2022 年。

查和重点核查。通过这些方法，中心能够全面排查访员的违规行为及访问中的异常数据，并实时反馈给访员以便迅速纠正。同时，中心会根据调查的具体特点，对调查过程中的特定环节进行核查，对某些维度的访问数据进行有针对性的审核，从而保证全部调查样本的数据质量。

1.3.1 访员培训

中心会对所有访员进行培训，增强其沟通能力、理解能力，丰富其经济金融知识，加深对问卷的理解，确保其能与受访者有效沟通。培训内容涵盖以下四个方面：

第一，访问技巧。围绕访问前、访问中和访问后三个阶段制订培训方案，包括访问前如何确定合格受访者、赢得信任与配合，访问中如何准确无误地表达问题含义、记录特殊问题，访问后如何回传数据并遵守保密规则。

第二，问卷内容。通过小班授课、幻灯片播放、视频放映等方式，帮助访员熟悉和理解问卷内容，并以模拟访问的形式使其加深印象、发现不足。

第三，系统操作。结合理论讲解与实际操作，让访员熟悉 CAPI 系统，掌握信息备注和快捷操作技能。课堂上发放安装有 CAPI 系统的移动终端设备，引导访员通过实际操作熟悉系统功能。

第四，实地演练。培训结束后，组织访员开展小范围入户访问实地演练，了解其对访问技巧、问卷内容、系统操作的掌握情况，以便查漏补缺。

访员需要经历多轮培训，并在培训完成后接受严格的考核评分。中心依据考核得分，对不达标的访员再次进行培训。对于访问环节中直接管理调查小组的督导，中心会实施更加严格的培训与考核。每位督导除参加访员培训外，还必须接受专门的督导培训，熟练掌握 CAPI 系统、督导管理系统和样本分配系统等操作。

经过一系列严格的培训与考核，中心确保了督导和访员的质量，为收集高质量调查数据奠定了坚实基础。

1.3.2 社区协助

入户访问的一大挑战在于得到受访者的理解、赢得受访者的信任，而社区工作人员的协助能够帮助访员较好地应对这一挑战。因此，访员在熟悉当地情况的村（居）委会工作人员的带领下，向受访者详细介绍调查的背景和目的，并在受访者配合程度不高时进行耐心解释，能够最大限度地降低入户访问的拒访率。

1.3.3 样本替换

为确保第六轮调查的样本代表性及数据科学性，中心在前期筹备阶段采用了科学抽样，并要求访员尽力对被抽中的样本家庭实现成功访问。质量监控人员对样本替换进行严格审核，以最大限度地减小随意更换样本对样本代表性造成的影响。

（1）换样规则

根据实地访问情况、调查要求及往期调查中的样本接触经验，中心制定了针对不同情景的严格换样规则，具体包括受访家庭地址错误或不详、拆迁、空户、敲门无人应答、拒访、不符合访问条件等情况。对于追踪样本，访员若确实无法接触受访家庭，则须通过前端电话进行确认，并在接触次数达到要求后，方可申请换样；对于敲门无人应答、拒访的情形，访员须争取当地社区工作人员或有关单位联络人协助入户，在六次（含一次周末、两次晚间）敲门无人应答、三次（含一次社区工作人员陪同入户）拒访后，才可申请换样。

（2）换样审核

在实地访问阶段，质量监控部门安排专门人员审核访员提交的所有换样申请。审核人员将严格查看访员每次实地接触样本的情况，包括访问失败原因、接触次数、每次接触时间等，并结合回传的录音及图片佐证，判断样本是否仍有争取访问的可能性，以及是否符合替换标准。

样本替换具体流程如图1-1所示。

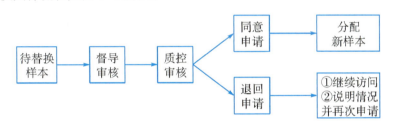

图 1-1　样本替换具体流程

1.3.4　访问过程质量控制

在第六轮调查中，中心对每个成功访问样本的调查过程都进行了实时监测，并严格审核了调查数据质量。只有在监测无误、审核合格后，调查数据才会被纳入数据库。在监测与审核的过程中，质量监控人员如发现不规范的访问行为，会及时向相关访员反馈并提供指导，以便实时纠正；如发现异常数据或错误数据，会立即修正，以提高调查数据的质量。

（1）调查质量监控要求

在第六轮调查中，中心对访员行为进行监测与核查，具体要求如下：首先，访员需要严格按照调查要求进行访问，做到细致、严谨、有耐心，能够熟练运用相关访问技巧，确保调查数据的完整性；其次，访员需要透彻理解问卷、访谈提纲，精准把握问题题意和填答要求，准确、忠实记录受访者的回答，确保调查数据的准确性；再次，访员需要保持中立、客观的态度，不受任何外界因素干扰，避免诱导或暗示受访者填答，确保调查数据的客观性；最后，访员需要严格按照被抽中的样本开展访问，不得出现随意挑选、更换受访家庭，自问自答，臆造等弄虚作假行为，确保调查数据的代表性和可靠性。通过严格监督、管控访员的访问行为，中心能从源头上最大限度地减少数据质量不达标的样本数量。

（2）调查质量监控流程

调查质量监控流程涵盖以下几个方面：第一，CAPI 系统回传调查成功样本的访问数据及相关并行数据；第二，质量监控人员通过质量监控系统监测访问过程，并从多个维度核查调查数据；第三，质量监控人员根据监测、核查结果评估每个样本的调查质量，并及时清理异常数据；第四，质量监控人员汇总、反馈访问中出现的问题，并指导访员进行纠正；第五，质量监控人员针对访问行为不符合规范、数据质量不合格的样本及时提出补访方案。

（3）电话核查

质量监控人员对调查成功的样本进行电话回访，主要目的是核实访员是否真实接触被抽中的样本，并认真完成了访问工作，以确保访问样本的准确性及调查过程的真实性。回访时，主要围绕以下三个方面展开：第一，核实受访家庭的地址及基本信息，确保访员准确访问了被抽中的样本；第二，邀请受访者对访员的工作态度进行评价；第三，询问两三道客观题，并将其答案与回传的调查数据进行对比，以防止弄虚作假。

（4）录音监控

为确保调查过程的规范性及填答内容的准确性，CAPI 系统将样本访问过程的录音文件与调查数据一起回传至后台。质量监控人员通过核听访问录音、监测访问过程，能够及时发现并更正错误填答，指导访员纠正不规范的访问行为。质量监控人员须及时将录音核查结果反馈给访员，提醒访员需要注意的事项，并在访问结束后对每个访员进行评分。

（5）数据核查

数据核查是指通过对样本的数据逻辑、阈值标准、无效比率、键盘记录等方面进行分析，以识别异常数值。对于在数据核查过程中发现的异常数值，必须通过录音监听、电话回访等方式进行核实，并做出修改、删除或保留的判断。数据核查的重点主要包括三个方面："不知道"或"拒绝回答"的比例、访问时长、异常数值。

①核查"不知道"或"拒绝回答"的比例。在访问过程中，对于受访者缺乏了解的问题或涉及其隐私的问题，允许其回答"不知道"或"拒绝回答"。调查数据中这两种答案出现的比例只要控制在一定范围内，就属于正常情况。然而，当"不知道"和"拒绝回答"的比例过高时，可能意味着受访者敷衍作答或访员消极怠工。因此，中心会通过计算每份问卷中"不知道"和"拒绝回答"的比例，来判断调查数据的质量。

②核查访问时长。在访问时长的核查过程中，主要涉及三个方面：核查时长过短、核查时长波动、对比时长差异。

第一，核查时长过短。CAPI 系统将自动记录每道题目的进入和退出时间，因此在核查阶段，质量监控人员能够计算出每个样本的访问耗时情况。通过对比分析所有调查成功样本的访问时长分布，并根据预设的置信水平，标示出时长过短的异常样本。

第二，核查时长波动。不同问题的难度系数存在明显差异，因此从理论上讲，难度系数不同的问题，其答题时长也有明显区别。对某个样本而言，如果其在每道题目上的答题时长无明显波动，则该份问卷的数据质量值得怀疑。因此，中心通常使用样本答题时长的标准差与离散系数来评估时长波动情况，具体做法如下：将标准差或离散系数小于 1% 分位数的样本单独列出，并标示为时长波动异常样本。

第三，对比时长差异。为了避免访员通过延长或缩短答题时间来掩饰作弊行为，可以将时长差异作为核查标准。具体做法如下：对每道题目选取答题时长的中位数作为该题的标准答题时长，将所需核查样本回答对应问题的时长与标准答题时长进行对比。如果时长差异超过 95% 分位数，则该题将被标记为异常题目。进一步统计该样本所回答的异常题目数量，如果超过 99% 分位数，则该样本将被标记为异常样本，以备重点核查。

③核查异常数值。异常数值的数量是影响数据质量的关键因素之一。异常数值一般不可用，因此我们应尽可能地降低异常数值的比例。在数据核查过程中，根据信息变量取值分布的不同，对连续性变量（如收入金额）主要采用统计方法，以便筛选出疑似异常数值并进行重点核查；对分类性变量（如是否工作），则主要采用逻辑判断法、历史信息判断法，以便确定疑似异常数值并进行重点核查。在 CHFS 数据中，连续性变量的数量极大，其涉及问卷的各个模块，且容易出现错误，因此在核查过程中需要投入大量的人力和财力。最常用的统计方法有以下三种：

第一种方法是 3σ 准则法。设 μ 为一组数据的均值，σ 为该组数据的标准差。该方法认为，数值有极大概率落在均值与三倍标准差之间，即处于 $(\mu-3\sigma, \mu+3\sigma)$，且概率为 99.73%。如果数值不在该区间，则我们可以认为其可能存在异常，需进行重点核查。

第二种方法是截尾法。此方法操作起来较为简单，具体如下：分别选取上分位数、下分位数作为异常数值的临界值。常见的选取标准为上下 1% 百分位数，即大于 99% 或小于 1% 的数值都可能为异常数值，需进行重点核查。

第三种方法是箱线图法。该方法较为直观，是指通过箱线图发现并标记异常数值。其统计原理如下：对于变量 X，Q_1 代表下四分位数，Q_3 代表上四分位数，四分位数范围 $(IQR) = Q_3-Q_1$。若 $X \notin (Q_1-1.5\times IQR, Q_3+1.5\times IQR)$，则 X 为轻度异常值；若 $X \notin (Q_1-3\times IQR, Q_3+3\times IQR)$，则 X 为极端异常值。在完成标记之后，对轻度异常值和极端异常值均须进行重点核查。

（6）行走轨迹及键盘记录核查

行走轨迹及键盘记录核查主要通过监测访员的 GPS 行走轨迹和 CAPI 系统的键盘记录来识别异常样本。从理论上讲，访问的样本可能会集中于某些地区，但不应过分集中。因此，可以统计该地区的所有 GPS 点位，计算每个 GPS 点位调查成功的样本量，并将样本集中情况作为评判数据质量的因素之一。

（7）图片核查

图片核查主要核实访员是否准确寻找到受访家庭。在绘图期间，绘图员会对每个受访家庭的住宅外观进行拍照并回传图片。在访问期间，访员也会对受访家庭的住宅外观进行拍照，并尽量与受访者合影。质量监控人员通过对比绘图员和访员拍摄的住宅外观照片，以及对比前几轮调查与追踪调查中的受访者照片，来判断本轮访问的准确性和真实性。

（8）重点核查

重点核查是指对上述各类核查中识别出的异常样本作交集分析，并结合敏感数据的缺失情况进行重点检测，从而最大限度地确保数据质量。

在第六轮调查结束后，中心根据数据检测及核查结果，对调查质量进行了全面评估，并以报告的形式总结了项目执行过程中的经验与教训，进而建立了专业化的质量控制机制。

1.3.5 其他提高数据质量的措施

（1）问卷设计的逻辑呼应

中心在 CHFS 的问卷设计中加入了前后逻辑呼应的题目，以防止受访者有意或无意地错报数据。当前后逻辑相呼应的问题答案相矛盾时，CAPI 系统会自动发出提醒，访员会再次向受访者核实答案，以确保调查数据的有效性和真实性。

（2）优秀的学生访员

在访问前，学生访员都须经过严格的培训，这为确保调查数据质量奠定基础。多轮调查执行工作的经验表明，经过培训的学生访员能以极大的勇气、非凡的智慧、极强的责任心和创造力、坚忍的意志和卓越的执行力，克服重重困难，极其出色地完成绘图及访问工作。他们成功地打动了受访家庭，得到了受访者的积极配合。尤为可贵的是，他们也敲开了中国高收入阶层的大门，成功地走进高净值家庭并收集到宝贵的数据。

（3）样本家庭的长期维护

中心视受访者及其家庭成员为朋友，与他们保持长期联系并建立有效的沟通渠道。每逢佳节，会向受访家庭发送慰问短信；对部分关注调查结果的受访家庭，会及时寄送研究成果。随着中国家庭金融调查的长期开展，以及访员和受访者之间信任的逐渐加深，调查数据的可靠性、真实性都会得到持续提升。

1.3.6 数据清理

在第六轮调查结束后，中心对采集的数据进行了及时高效的清理，具体工作如下：一是对经核查后导出的数据，编写代码，统一修改备注说明，录入二次核查结果等未被录入

CAPI 系统的信息；二是开展系统性的基础清理工作，内容主要涉及修改变量名、添加变量标签、多选拆分、数据拆分、清除无效变量等；三是针对变量缺失作插值处理，计算样本权重，并核算受访家庭的收入、消费、资产、负债等综合性变量。

在数据清理工作完成后，中心将编写数据使用手册，对抽样、执行、质量监控、数据清理等关键环节进行详细说明。此外，中心将根据数据使用的反馈情况，持续更新和完善调查数据。

1.4 调查拒访率

第六轮调查由于受到新冠疫情的影响，是在 2021—2022 年分阶段完成的，累计成功访问 22 027 户受访家庭。其中，17 639 户通过实地面访的形式完成访问，4 388 户依托电话沟通及网络调查等方式完成访问。本章仅分析实地面访的拒访率。

第六轮中国家庭金融调查拒访率呈现出显著的城乡差异。如表 1-1 所示，城镇家庭样本的拒访率为 28.81%，而农村家庭样本的拒访率不到 6%。这说明城镇家庭的隐私保护意识相对较强，对入户访问的接受度较低，导致城镇地区的访问难度明显大于农村地区。

表 1-1 城乡家庭的拒访率的分布

项目	访问成功的家庭样本数/户	拒绝访问的家庭样本数/户	拒访率/%
城镇	10 158	4 111	28.81
农村	7 481	451	5.69
总体	17 639	4 562	20.55

注：访问成功的家庭样本数仅包括面访成功的家庭样本数，不包括通过电话沟通及网络调查访问成功的家庭样本数，下同。

表 1-2 比较了第六轮调查中追踪样本与新访样本的拒访率分布。总体而言，追踪样本的拒访率显著高于新访样本，城镇地区样本的拒访率显著高于农村地区。

表 1-2 追踪样本与新访样本的拒访率分布

样本分类	项目	访问成功的家庭样本数/户	拒绝访问的家庭样本数/户	拒访率/%
追踪样本	城镇	7 248	3 498	32.55
	农村	5 085	415	7.55
	总体	12 333	3 913	24.09

表1-2(续)

样本分类	项目	访问成功的家庭样本数/户	拒绝访问的家庭样本数/户	拒访率/%
新访样本	城镇	3 084	613	16.58
	农村	2 222	36	1.59
	总体	5 306	649	10.90

1.5　数据代表性

1.5.1　样本量说明

统计分析通常基于从总体中抽取的样本来进行建模和计算。由于经费和时间的限制，我们往往无法对总体中的每个个体进行分析，因此一般会从总体中抽取部分样本进行计算，从而推断总体的特征。统计分析结果能否准确反映总体的真实情况，主要取决于样本的选取是否遵守随机性原则，而非单纯取决于样本量的大小。

样本量在一定程度上决定了统计分析的误差。在严格随机抽样的前提下，抽样误差会随样本量的增加而呈几何级数递减。样本量与需要反映的总体标准差有关。样本量既不是较好反映总体情况的必要条件，也不是充分条件。以收入分析为例，2011 年的 CHFS 数据显示，我国家庭的收入均值为 52 578 元，标准差为 141 748 元。当样本量为 8 400 户时，抽样误差为 2 200 元，约为总体标准差的 1%；当样本量为 28 000 户时，抽样误差为 1 200 元，约为总体标准差的 0.6%；当样本量为 40 000 户时，抽样误差为 320 元，约为总体标准差的 0.2%。因此，无论是 2011 年的 8 438 户受访家庭，还是第六轮调查的 22 027 户受访家庭，只要我们严格按照随机抽样要求进行抽样设计，并在调查实施中严格按照随机抽样原则进行样本更换，那么所抽取的样本就足以用于正确推断总体特征。

1.5.2　代表性说明

在完全随机抽样的情况下，富裕家庭由于在总体中所占比例较低，因此被抽中的概率也相对较低。同时，富裕家庭拒访的可能性相对较大。如果样本中缺乏富裕家庭，那么调查数据就无法准确反映总体特征。鉴于此，中心在抽样设计中对富裕家庭进行了偏向性样本分配，以确保样本中包含一定比例的富裕家庭。

由于中心对发达地区的家庭进行了重点抽样，因此东部地区的县级单位占比相对较高。如表 1-3 所示，在第六轮调查所抽中的县级单位中，位于东部地区的比例达到 37.9%。虽然抽中的县级单位在东部地区、中部地区、西部地区的比例与总体存在一定差异，但从整体来看，县级单位的分布仍较为均衡。

表 1-3　CHFS 抽中的县级单位分布

项目	县级单位数量/个				县级单位占比/%			
区域	东部	中部	西部	东北	东部	中部	西部	东北
总体	906	846	1 192	330	27.7	25.8	36.4	10.1
第六轮调查抽取区县	102	54	88	25	37.9	20.1	32.7	9.3

　　尽管 CHFS 样本分布与全国总体人口分布存在一定差异，但我们可以通过权重调整来优化样本结构。权重是基于抽样设计中每户家庭被抽选的概率进行计算的。具体来说，抽样时多投放富裕家庭样本，计算时则降低富裕家庭的相对重要程度，使其代表的家庭户数相应少于不富裕家庭。正是通过这种调整，中心能够更加准确地根据样本信息来推断总体特征。

　　当样本特征与总体特征相似时，样本具有较强的代表性。图 1-2 从年龄维度对比了经过权重调整的中国家庭金融调查（CHFS）数据及国家统计局（NBS）数据的各项指标取值情况。表 1-4 则从性别、城乡、就业等维度对比了经过权重调整的 CHFS 数据及 NBS 数据的各项指标取值情况，以此评估样本与总体的差距。

　　从年龄结构来看，CHFS 在第六轮统计的各年龄段人口占比与 NBS 在 2020 年统计的结果高度相似。这表明在调整权重后，第六轮 CHFS 数据在年龄维度具有较好的代表性，能够准确反映全国总体人口的年龄结构。

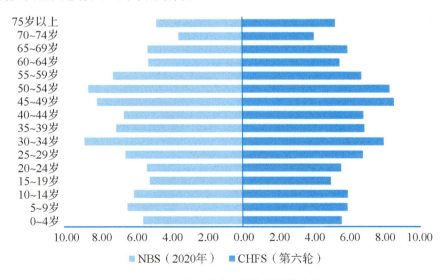

图 1-2　全国总体人口的年龄结构比较

表 1-4 基于第六轮 CHFS 数据及 2020 年的 NBS 数据，进一步对比分析了其他维度指标的代表性。从性别结构来看，CHFS 数据显示，男性人口占全国总体人口的比例为 50.9%，这与 NBS 发布的 51.2% 非常接近。从城乡人口分布来看，CHFS 数据和 NBS 数据中城镇人口占全国总体人口的比例分别为 62.9%、63.9%，表明 CHFS 数据在反映城乡人口分布上与 NBS 数据高度相似。此外，CHFS 数据的其他各项指标统计结果也都与 NBS 数据较为接近。因此，经过权重调整的 CHFS 数据能够较好地反映全国总体情况。

表 1-4 CHFS 数据与 NBS 数据部分指标的统计结果对比　　　　　　单位:%

类别	CHFS（第六轮）	NBS（2020 年）
男性人口占全国总体人口比例	50.9	51.2
城镇人口占全国总体人口比例（常住口径）	62.9	63.9
就业人口占全国总体人口比例	57.5	53.2
城镇就业人口占全国总体就业人口比例	59.1	61.6
第一产业就业人口占全国总体就业人口比例	22.7	23.6

注：CHFS 数据的相关指标统计结果由作者基于第六轮调查数据计算得出，NBS 数据的相关指标统计结果由作者根据《中国统计年鉴 2021》整理得出。

2　家庭人口与就业特征

2.1　家庭人口统计学特征

2.1.1　家庭规模及结构

家庭规模是指一个家庭中的成员数量。CHFS 界定的家庭成员是指家庭中具有直系血缘关系、婚姻关系或法律上的收养关系，且共享收入、共担支出的所有成员。

表 2-1 分城乡呈现了我国的家庭规模，以及不同规模家庭在总体中的占比。从全国范围来看，家庭规模均值为 3.0 人。其中，1~2 人户的占比最高，达到 46.8%；其次为 4 人及以上户，占比为 29.7%；3 人户的占比最低，为 23.5%。

分城乡来看，城镇地区的家庭规模均值为 2.9 人，而农村地区的家庭规模均值为 3.2 人，农村地区的家庭规模相对略大。这可能与农村地区"多子多福"的传统观念更为盛行、养育成本相对较低有关。在家庭规模占比方面，城镇地区与全国、农村地区相比存在明显差异。这具体表现在，城镇地区 3 人户的占比为 26.9%，显著高于农村地区的 17.6%；而城镇地区 4 人及以上户的占比为 25.9%，明显低于农村地区的 36.3%。这进一步说明了城镇地区的家庭规模普遍较小，而农村地区的家庭规模普遍较大。

表 2-1　分城乡的家庭规模

区域	家庭规模均值/人	家庭规模占比/%		
		1~2 人	3 人	4 人及以上
城镇	2.9	47.2	26.9	25.9
农村	3.2	46.1	17.6	36.3
全国	3.0	46.8	23.5	29.7

表 2-2 分城乡展示了我国的家庭结构。从全国范围来看，一代户的占比最高，达到 43.0%；其次是二代户，占比为 38.1%；三代户和四代户的占比则相对较低，分别为 18.1% 和 0.8%。

分城乡来看，城镇地区和农村地区的一代户占比分别为 42.9% 和 43.4%。然而，城镇地区的二代户占比为 41.7%，显著高于农村地区的 31.9%。这一数据反映出城镇地区以两代户的核心家庭结构为主，一般表现为父母与子女共同居住。农村地区的三代户占比为 23.5%，明显高于城镇地区的 14.9%；此外，四代户占比为 1.2%，也略高于城镇地区。这表明，在农村地区，多代同堂的家庭结构仍然较为普遍。

表 2-2　分城乡的家庭结构　　　　　　　　　　单位:%

区域	一代户	二代户	三代户	四代户
城镇	42.9	41.7	14.9	0.5
农村	43.4	31.9	23.5	1.2
全国	43.0	38.1	18.1	0.8

注：一代户是指仅有一代人居住的家庭，通常由一个人或一对夫妻组成，没有其他代际的亲属同住。二代户是指有两代人居住的家庭，常见于父母和子女同住的情况。如果仅有祖父母和孙子女同住，那么此类家庭也属于二代户。三代户是指有三代人居住的家庭，一般由祖父母、父母和子女共同组成。四代户是指有四代人居住的家庭，通常包括曾祖父母、祖父母、父母和子女。

2.1.2　性别分布

表 2-3 分城乡展示了我国的人口性别结构。从全国范围来看，男性占比为 50.9%，女性占比为 49.1%，从而得出性别比为 103.7。这表明，在全国层面，男性人口数量略多于女性人口数量。

分城乡来看，城镇地区的男性占比为 50.2%，女性占比为 49.8%，性别比为 100.8。这一数据显示出城镇地区的性别比相对接近自然性别比，性别结构较为均衡。然而，农村地区的男性占比上升至 52.3%，女性占比下降为 47.7%，性别比高达 109.6。这一数据揭示了农村地区男性人口数量偏多的现象。这可能是因为，在农村地区"养儿防老"的观念较为盛行，不少家庭在生育决策上表现出更强的男孩偏好，进而使得总人口中男性数量偏多。

表 2-3　分城乡的人口性别结构

区域	男性占比/%	女性占比/%	性别比（女=100）
城镇	50.2	49.8	100.8
农村	52.3	47.7	109.6
全国	50.9	49.1	103.7

注：性别比是指每 100 名女性所对应的男性人数。

2.1.3　年龄结构

表 2-4 分城乡展示了我国的人口年龄结构和抚养比。由数据可知，从全国范围来看，

15~64 岁的劳动年龄人口占比为 67.4%，0~14 岁的少年儿童人口占比为 17.0%，65 岁及以上的老年人口占比为 15.6%。

分城乡来看，各年龄段的人口占比与全国总体情况接近。进一步地，从总抚养比来看，农村地区的总抚养比明显高于城镇地区。这主要由少儿抚养比的差异引起：农村地区的少儿抚养比为 27.1%，明显高于城镇地区的 24.2%，反映出农村地区可能面临更大的儿童抚养压力。

表 2-4　分城乡的人口年龄结构和抚养比　　　　　　　　　　　　单位：%

项目	城镇	农村	全国
0~14 岁	16.4	18.0	17.0
15~64 岁	67.9	66.5	67.4
65 岁及以上	15.7	15.5	15.6
少儿抚养比	24.2	27.1	25.2
老年抚养比	23.1	23.3	23.1
总抚养比	47.3	50.4	48.4

注：总抚养比是指非劳动年龄人口数与劳动年龄（15~64 岁）人口数之比，少儿抚养比是指少年儿童（0~14 岁）人口数与劳动年龄人口数之比，老年抚养比是指老年人口（65 岁及以上）人口数与劳动年龄人口数之比。

表 2-5 分性别展示了我国的人口年龄结构。从全国范围来看，40~49 岁年龄段人口的占比最高，达到 15.2%；其次是 50~59 岁年龄段人口，占比为 15.0%；再次是 30~39 岁年龄段人口，占比为 14.7%。特别值得注意的是，60 岁及以上年龄段人口的占比为 21.0%，其中仅 60~69 岁年龄段人口就占 11.4%。国际上通常将老年人口比重作为衡量人口老龄化的依据：一般把 60 岁及以上人口占总人口的比重达到 10% 作为一个国家或地区进入老龄化社会的标准①。由此可见，我国的老年人口占比已经超过国际通行的老龄化社会标准线，我国已进入中度老龄化阶段。这既反映出我国正在经历快速老龄化的过程，也预示着我国在未来较长一段时间内将面临严峻的养老挑战。

分性别来看，男性人口和女性人口的年龄结构均与全国总体情况较为接近。其中，从 30~39 岁年龄段开始，女性人口占比大多略高于男性人口。这意味着，女性群体的老龄化问题更加突出，这可能与女性的寿命更长有关。

① 国家统计局. 人口老龄化及其衡量标准是什么 [EB/OL]. (2025-04-09) [2025-04-10]. https://www.stats.gov.cn/zs/tjws/tjbz/202301/t20230101_1903949.html

表 2-5　分性别的人口年龄结构　　　　　　　　单位:%

年龄段	男性	女性	全国
0~9 岁	11.7	10.5	11.1
10~19 岁	11.4	10.4	10.9
20~29 岁	12.4	11.8	12.1
30~39 岁	14.6	14.8	14.7
40~49 岁	15.2	15.3	15.2
50~59 岁	14.9	15.0	15.0
60~69 岁	11.1	11.7	11.4
70~79 岁	6.3	7.3	6.8
80~89 岁	2.2	2.8	2.5
90 岁及以上	0.2	0.4	0.3

2.1.4　学历水平

表 2-6 分城乡汇报了我国 16 周岁及以上人口的学历水平。从全国范围来看,初中学历人口占比为 28.1%,大专及以上学历人口占比为 28.8%,两者十分接近;高中学历人口占比为 21.1%。

分城乡来看,城镇地区 16 周岁及以上人口中,高中学历人口占比、大专及以上学历人口占比均明显高于农村地区,而初中及以下学历人口占比明显低于农村地区。以上数据表明,城镇居民的学历水平整体较高。导致这一差异的原因之一是,我国的教育资源存在城乡分配不均衡的情况,农村居民获取的教育资源相对有限。

表 2-6　分城乡的 16 周岁及以上人口学历水平　　　　单位:%

学历	城镇	农村	全国
没上过学	2.7	10.2	5.5
小学	10.1	27.8	16.5
初中	24.8	33.8	28.1
高中	24.2	15.7	21.1
大专及以上	38.2	12.5	28.8

　　注:①高中学历包括高中、中专、职高学历,大专及以上学历包括大专、高职、大学本科、硕士研究生、博士研究生学历。②本书涉及学历概念的样本,若无特别说明,都为年龄在 16 周岁及以上的群体。下文不再赘述。

表 2-7 分性别展示了我国 16 周岁及以上人口的学历水平。其中,没上过学的男性人

口占比为 2.7%，显著低于女性人口的 8.3%。初中学历的男性人口占比为 30.6%，高中学历的男性人口占比为 22.6%，而相应的女性人口占比分别为 25.5% 和 19.6%。大专及以上学历的男性人口占比为 29.5%，略高于女性人口的 28.1%。整体而言，随着学历层次的提高，男性和女性人口占比之间的差距在不断缩小。特别是在大专及以上学历组，男性人口占比仅比女性人口占比高出 1.4 个百分点。这表明，在高等教育领域，性别平等的趋势越来越明显。

表 2-7　分性别的 16 周岁及以上人口学历水平　　　　　　　　　单位:%

学历	男性	女性
没上过学	2.7	8.3
小学	14.6	18.5
初中	30.6	25.5
高中	22.6	19.6
大专及以上	29.5	28.1

2.1.5　婚姻状况

表 2-8 分城乡展示了我国 18 周岁及以上人口的婚姻状态。从全国范围来看，未婚人口占比为 18.3%，已婚人口占比为 74.4%，离婚人口占比为 2.5%，丧偶人口占比为 4.8%。

分城乡来看，城镇地区未婚人口占比为 18.1%，而农村地区的这一比例略高，为 18.8%。在已婚人口比例方面，城镇地区与农村地区较为接近；在离婚人口比例方面，城镇地区为 2.9%，而农村地区为 1.7%；在丧偶人口比例方面，城镇地区为 4.5%，而农村地区为 5.5%。农村地区的丧偶人口比例高于城镇地区，这一现象提示应当更多地关注农村地区丧偶人群的生活质量。

表 2-8　分城乡的 18 周岁及以上人口婚姻状态　　　　　　　　　单位:%

区域	未婚	已婚	离婚	丧偶
城镇	18.1	74.5	2.9	4.5
农村	18.8	74.0	1.7	5.5
全国	18.3	74.4	2.5	4.8

注：未婚人口包含未婚但同居的群体，已婚人口包含已婚但分居的群体。

表 2-9 分性别展示了我国 18 周岁及以上人口的婚姻状态。由数据可知，在未婚人口比例方面，男性为 21.5%，女性为 15.1%，未婚男性的比例明显高于未婚女性。这一现象

受到男性法定结婚年龄更高的影响，也与社会对男女适婚年龄的不同期待有关：女性通常面临更早结婚的社会压力，而男性则可能因经济负担、职业发展而选择延迟结婚。在已婚人口比例方面，男性为 73.5%，女性为 75.2%，女性略高于男性。在离婚人口比例方面，男性为 2.6%，女性为 2.4%，两者较为接近。在丧偶人口比例方面，男性为 2.4%，女性则高达 7.3%，这主要是因为女性的寿命普遍长于男性。

表 2-9　分性别的 18 周岁及以上人口婚姻状态　　　　　　　　　　单位:%

性别	未婚	已婚	离婚	丧偶
男性	21.5	73.5	2.6	2.4
女性	15.1	75.2	2.4	7.3

注：未婚人口包含未婚但同居的群体，已婚人口包含已婚但分居的群体。

表 2-10 分城乡、分性别展示了我国的适龄未婚人口比例。从全国范围来看，适龄未婚人口比例为 15.1%。

分城乡来看，城镇地区的适龄未婚人口比例为 14.9%，略低于农村地区的 15.3%。

分性别来看，男性群体中的适龄未婚人口比例为 16.9%，女性群体中的适龄未婚人口比例为 13.2%，说明适龄未婚男性的比例高于适龄未婚女性。这意味着男性在婚姻市场上或许面临更大的竞争压力。

表 2-10　分城乡、分性别的适龄未婚人口比例　　　　　　　　　　单位:%

项目	比例
全国	15.1
城镇	14.9
农村	15.3
男性	16.9
女性	13.2

注：适龄未婚是指达到法定结婚年龄但未结婚的状态。男性的适婚年龄为 22 岁，女性的适婚年龄为 20 岁。适龄未婚人口比例是指达到法定结婚年龄但未结婚的人口数与达到法定结婚年龄的总人口数之比。

表 2-11 分城乡及性别展示了我国的适龄未婚人口比例。数据显示，在城镇地区，男性群体中的适龄未婚人口比例为 16.1%，而女性群体中的适龄未婚人口比例为 13.9%；在农村地区，男性群体中的适龄未婚人口比例为 18.4%，而女性群体中的适龄未婚人口比例为 12.0%。总体来看，无论是在城镇地区，还是在农村地区，适龄未婚男性的比例均高于适龄未婚女性。

相比之下，城镇地区的适龄未婚男性比例低于农村地区，而城镇地区的适龄未婚女性比例则高于农村地区。一方面，农村地区的适龄未婚男性比例较高，这可能与传统的性别偏好导致出生人口性别比长期失衡有关；另一方面，城镇地区的适龄未婚女性比例较高，反映出城镇地区的女性在婚育观念上有所转变，而农村地区的早婚传统和相对保守的婚育文化仍对当地女性形成隐性约束。

表 2-11　分城乡及性别的适龄未婚人口比例　　　　　　　　　单位:%

区域	男性	女性
城镇	16.1	13.9
农村	18.4	12.0

2.1.6　生育情况

表 2-12 分城乡汇报了已婚受访者生育子女的情况。从全国范围来看，已婚受访者平均生育孩子 1.8 个，其中儿子 1.0 个，女儿 0.8 个。

分城乡来看，在城镇地区，已婚受访者平均生育孩子 1.5 个，其中儿子 0.8 个，女儿 0.7 个；而在农村地区，已婚受访者平均生育孩子 2.3 个，其中儿子 1.2 个，女儿 1.1 个。农村地区受访者生育的子女数量明显高于城镇地区受访者，且儿子和女儿的生育数量均更高。这一现象可能与农村地区的社会文化因素、社会保障程度密切相关。农村地区的生育观念较为传统，部分家庭对子女数量、性别可能存在特定偏好。同时，农村地区的社会保障体系不够完善，使得父母对子女的养老功能有更高的期待。这些因素共同导致农村地区的受访者生育较多子女。

表 2-12　分城乡的已婚受访者生育子女数量　　　　　　　　　单位:个

区域	儿子	女儿	合计
城镇	0.8	0.7	1.5
农村	1.2	1.1	2.3
全国	1.0	0.8	1.8

表 2-13 分出生年代展示了受访者生育子女的情况。总体来看，随着受访者出生年代的推后，其生育的子女数量呈现出显著的下降趋势。其中，20 世纪 40 年代及以前出生的人群平均生育子女 2.7 个，其中儿子 1.4 个，女儿 1.3 个。从 50 后开始，受访者生育的子女数量出现大幅下降，这与 20 世纪 70 年代以来开始推行计划生育政策密切相关[①]。为应对人口结构变化和低生育率的挑战，2016 年 1 月 1 日起，我国正式实施全面二孩政策。然

---

① 1971 年 7 月，国务院批转《关于做好计划生育工作的报告》，把控制人口增长的指标首次纳入国民经济发展计划。1982 年 9 月，党的十二大把计划生育确定为基本国策。

而，根据调查数据，90 后平均生育子女数仅有 1.1 个，其中儿子 0.6 个，女儿 0.5 个。由此可见，随着居民生育观念的转变，以及生活压力的增大，少生育、推迟生育甚至不愿生育的倾向越来越明显，单独的生育政策放开或许尚不足以逆转生育子女数量下降的趋势。2021 年 8 月修订的《中华人民共和国人口与计划生育法》规定："国家提倡适龄婚育、优生优育。一对夫妻可以生育三个子女。"相应配套措施的出台，将对提振生育意愿、提高生育率起到一定的促进作用。

表 2-13　分出生年代的受访者生育子女数量　　　　　　　　　　　　单位：个

出生年代	儿子	女儿	合计
40 后及以前	1.4	1.3	2.7
50 后	1.1	0.9	2.0
60 后	0.9	0.8	1.7
70 后	0.8	0.7	1.5
80 后	0.8	0.8	1.6
90 后	0.6	0.5	1.1

2.2　户籍与人口流动

2.2.1　户籍状态

表 2-14 分年龄段展示了城镇地区常住人口与城镇户籍人口的情况。由数据可知，全国总体而言，城镇地区常住人口比例达到 67.6%，其中，户籍登记地为城镇的人口比例仅为 48.3%。常住口径的人口比例明显高于户籍口径的人口比例，这反映出农村人口在向城镇人口转化的过程中存在一种不完全的状态。具体来说，一部分农村人口虽然生活在城镇地区，但其户籍依然保留在农村，这可能导致他们在医疗、教育等社会福利方面无法完全享受到与城镇居民同等的待遇。

进一步来看，不同年龄段的情况各有特点。在 0~9 岁及 10~19 岁这两个年龄段的人口中，常住在城镇的比例约为 64%，而户籍在城镇的比例不到 43%，这表明有相当一部分农村户籍的青少年在城镇地区生活。在 20~29 岁及 30~39 岁这两个年龄段，城镇地区常住人口比例与城镇户籍人口比例的差距有所缩小，且这两个年龄段的城镇地区常住人口比例在所有年龄段中是最高的，前者达到 75.1%，后者达到 74.0%，这显示出青年劳动力是城镇化进程中的主力军。40~49 岁年龄段的城镇地区常住人口比例较 20~29 岁及 30~39

岁年龄段有所下降，但城镇户籍人口比例有所上升。50~59 岁、60~69 岁及 70~79 岁年龄段的城镇地区常住人口比例都在 63% 左右，而城镇户籍人口比例从 47.3% 上升到 53.8%。在 80~89 岁、90 岁及以上年龄段，城镇地区常住人口比例分别为 71.0% 和 66.9%，其中 80~89 岁年龄段的城镇户籍人口比例最高，达到 59.1%。总体而言，年长群体的户籍城镇化率较高。

表 2-14　分常住地与户籍地的城镇人口比例　　　　　　　　单位:%

年龄段	常住地为城镇	户籍地为城镇
0~9 岁	64.2	42.9
10~19 岁	63.3	42.7
20~29 岁	75.1	47.1
30~39 岁	74.0	46.5
40~49 岁	70.6	53.3
50~59 岁	62.8	47.3
60~69 岁	62.9	51.1
70~79 岁	63.7	53.8
80~89 岁	71.0	59.1
90 岁及以上	66.9	47.9
总体	67.6	48.3

注：常住地为城镇是指个人的常住地为城镇地区，户籍地为城镇是指个人的户籍登记地位于城镇地区。

2.2.2　城镇落户意愿

表 2-15 分年龄段展示了农村户籍受访者在城镇落户意愿上的差异。总体而言，在农村户籍受访者中，有 19.9% 表示愿意在城镇地区落户，70.7% 表示不愿意，还有 9.4% 态度不明确。这表明农村户籍人口落户城镇的意愿并不强烈，并且随着年龄的增长，落户城镇的意愿逐渐降低。

在 16~39 岁的年轻受访者中，有 28.7% 愿意在城镇地区落户，这一比例明显高于其他年龄段。在 40~49 岁、50~59 岁的中年受访者中，愿意落户城镇的比例降至 20% 左右；而在 60 岁及以上的老年受访者中，这一比例进一步降低至 15% 以下。此外，随着年龄的增长，落户意愿不明确的占比也呈下降趋势。这表明，年龄越大的农村户籍受访者，越不愿意落户城镇。具体来讲，在 16~39 岁的农村户籍受访者中，不愿意落户的比例为 54.7%，而在 60 岁及以上的农村户籍受访者中，这一比例高达 80% 左右。这些数据揭示出年轻一代的农村户籍人口对城镇生活的向往更为强烈。

表 2-15　分年龄段的农村户籍受访者的城镇落户意愿　　　　　单位:%

年龄	愿意落户	不愿意落户	不明确
16~39 岁	28.7	54.7	16.6
40~49 岁	21.3	68.9	9.8
50~59 岁	20.0	72.5	7.5
60~69 岁	14.0	79.4	6.6
70~79 岁	12.7	80.8	6.5
总体	19.9	70.7	9.4

　　表 2-16 分年龄段展示了农村户籍受访者在城镇落户时的意向地区。总体来看，农村户籍受访者在县城落户的意愿最为强烈，占比达 39.2%。县城作为"离土不离乡"的过渡地带，具有离老家村庄较近、生活成本相对较低等优势，因此成为多数农村户籍人口的理想选择。其次为非省会中小城市，占比为 21.8%。农村户籍受访者在一线城市、省会城市落户的意愿相近，占比分别为 16.4% 和 14.3%；在乡镇落户的意愿最低，仅为 8.3%。

　　随着年龄的增长，农村户籍受访者在一线城市、省会城市落户的意愿呈现波动性下降的态势。相比之下，在非省会中小城市落户的意愿的变化趋势较为平稳，表明这类城市在发展潜力与生活压力之间实现了较好的平衡，能够吸引不同年龄群体。此外，总体而言，随着年龄的增加，农村户籍受访者在县城、乡镇落户的意愿逐渐增强。其中，70~79 岁的农村户籍受访者在乡镇落户的意愿最为强烈，占比远高于其他年龄段的农村户籍受访者，这表明老年农村户籍人口拥有更加浓厚的家乡情结，更倾向于在老家附近的小城市、县城或乡镇定居。

表 2-16　分年龄段的农村户籍受访者的城镇落户意向地区　　　单位:%

年龄段	一线城市	省会城市	非省会中小城市	县城	乡镇
16~39 岁	23.8	16.0	24.8	29.7	5.7
40~49 岁	15.2	15.6	23.9	36.2	9.1
50~59 岁	13.1	12.4	19.9	44.9	9.7
60~69 岁	13.4	16.4	16.0	48.8	5.4
70~79 岁	8.9	7.7	21.6	45.3	16.5
总体	16.4	14.3	21.8	39.2	8.3

表2-17分年龄段展示了农村户籍受访者愿意落户城镇的原因。总体来看，"让子女接受更好的教育"是农村户籍受访者选择落户城镇的主要动因，占比达43.7%。

从不同年龄段来看，选择"让子女接受更好的教育"的比例从16~39岁年龄段的64.7%下降至70~79岁年龄段的13.3%。这一变化反映出不同年龄段群体在选择居住环境时的核心需求存在较大差异，其中年轻一代更加重视子女的教育问题。与此同时，农村户籍受访者中选择"工作机会多"和"跟随子女迁移"的比例随着年龄的增长而显著提高，分别从16~39岁的15.6%、0.9%提升至70~79岁的44.2%、17.5%。上述变动趋势凸显出老年农村户籍受访群体在家庭落户决策过程中，对家庭成员获取工作的潜在机会、随子女共同生活等因素十分重视。

表2-17　分年龄段的农村户籍受访者愿意落户城镇的原因　　单位:%

年龄段	让子女接受更好的教育	工作机会多	生活环境、福利更好	跟随子女迁移	其他原因
16~39岁	64.7	15.6	15.2	0.9	3.6
40~49岁	51.9	21.9	19.4	2.4	4.4
50~59岁	35.1	32.6	12.8	8.6	10.9
60~69岁	22.2	42.8	4.7	15.5	14.8
70~79岁	13.3	44.2	4.5	17.5	20.5
总体	43.7	27.7	13.2	6.7	8.7

表2-18分年龄段展示了农村户籍受访者不愿意落户城镇的原因。根据人口迁移领域的推拉理论，影响人口迁移的因素分为推力和拉力两个方面。

在推力方面，总体来看，"城镇生活成本高"和"城镇买房租房贵"是阻碍农村户籍受访者在城镇落户的首要因素，占比分别为42.3%、35.4%。其次是"不适应城市生活"，占比为26.9%。而"落户门槛高"的占比最低，仅为17.4%。这表明户籍制度本身不是影响农村户籍人口落户城镇的主要因素。从不同年龄段来看，随着年龄的增长，因"不适应城市生活"而不愿意在城镇落户的比例逐步上升，70~79岁的老年农村户籍受访者中有34.4%表达了这一顾虑。认为"城镇生活成本高""城镇买房租房贵"的比例在40~49岁年龄段的农村户籍受访者中达到最大值，分别为47.8%、40.0%。这说明城镇地区的较高生活成本是影响肩负赡养老人、抚养子女双重责任的中年群体落户城镇的关键因素。

在拉力方面，总体来看，"老家机会多"是农村户籍受访者倾向于留守农村的最重要因素，占比为42.3%。这从侧面反映出近些年乡村振兴战略的实施卓有成效。其次是因"回家养老"而不愿意落户城镇的农村户籍受访者，占比为27.5%。从不同年龄段来看，希望"回家养老"的比例在16~39岁的年轻农村户籍受访者中最高。这说明，年轻一代对乡村田园生活充满向往。随着年龄的增长，认为"老家机会多"的比例逐步提高，尤其是在 60 岁及以上的老年农村户籍受访者中，超过一半选择了这一因素。此外，总体来看，随着年龄的增加，顾及"农村房地"、认为"农村户口值钱"的比例呈下降趋势。这意味着，年轻群体对农村资源价值有着更高的预期。

表 2-18　分年龄段的农村户籍受访者不愿意落户城镇的原因　　　　单位:%

年龄段	城镇推力				农村拉力				
	落户门槛高	城镇买房租房贵	城镇生活成本高	不适应城市生活	农村房地	农村户口值钱	以备不时之需	回家养老	老家机会多
16~39 岁	13.6	28.9	34.9	12.3	22.8	17.2	14.4	30.9	24.9
40~49 岁	19.5	40.0	47.8	20.6	18.3	11.7	18.1	29.3	34.0
50~59 岁	19.6	38.2	44.3	30.3	15.2	9.2	16.3	28.8	40.4
60~69 岁	17.1	36.5	43.9	32.9	14.5	9.5	17.7	24.4	54.2
70~79 岁	14.5	28.6	35.6	34.4	10.8	8.2	13.6	23.7	57.8
总体	17.4	35.4	42.3	26.9	16.2	10.8	16.3	27.5	42.3

注：农村户籍受访者不愿意落户城镇的原因在 CHFS 问卷中是多项选择题。

2.2.3　人口流动情况

表 2-19 分户籍类型汇报了人户分离情况及流动人口分布情况。总体来看，城镇户籍人口中，人户分离的比例为 22.0%，低于农村户籍人口中人户分离的比例；同时，城镇户籍人口中，流动人口的比例为 11.0%，也明显低于农村户籍人口中流动人口的比例。

表 2-19　人户分离及流动人口分布　　　　单位:%

户籍类型	人户分离	流动人口
城镇户籍	22.0	11.0
农村户籍	25.9	21.6
总体	24.0	16.5

注：人户分离是指常住地与户籍地不一致的状态，且这一状态已持续半年及以上。人户分离具体包括两种情况：一是居住在本乡（镇、街道），但户籍地在其他乡（镇、街道）；二是常住地与户籍地属同一城市，但分属不同辖区。流动人口则是指在人户分离人口的基础上，排除市辖区内人户分离个体后所形成的群体。

表 2-20 分户籍类型汇报了流动人口的流动经历。总体来看，在流动人口中，跨市流动的比例为 24.1%，其中曾经跨市流动的比例为 13.9%，目前跨市流动的比例为 10.2%。

从不同户籍类型来看，城镇户籍人口的跨市流动比例为 21.3%，而农村户籍人口的跨市流动比例为 26.8%，这一差异主要源于目前跨市流动比例的不同。然而，在曾经跨市流动方面，城镇户籍人口占 14.4%，略高于农村户籍人口的 13.5%。这意味着城镇户籍流动人口可能经历了更为频繁的城市迁移，而农村户籍流动人口更多地表现为目前仍处于跨市流动状态。总体来讲，农村户籍流动人口的活跃度更高，尤其是在目前跨市流动方面，表现得尤为显著。

表 2-20　流动人口的流动经历　　　　　　　　　　　　　　单位:%

户籍类型	跨市流动	目前跨市流动	曾经跨市流动
城镇户籍	21.3	6.9	14.4
农村户籍	26.8	13.3	13.5
总体	24.1	10.2	13.9

表 2-21 分户籍类型展示了流动人口的流动半径分布。总体来看，在流动人口中，跨省流动的占比最高，为 33.5%；其次为跨市流动，占比为 28.3%；再次为跨镇流动，占比为 24.1%；占比最低的是跨县流动，仅为 13.1%。

从不同户籍类型来看，城镇户籍人口与农村户籍人口在流动半径分布上十分相似，但在具体流动范围上存在一些差异。具体而言，在跨省流动方面，城镇户籍人口流动比例为 35.6%，高于农村户籍人口的 32.4%；在跨市流动方面，农村户籍人口流动比例为 29.1%，高于城镇户籍人口的 26.6%；在跨县流动方面，城镇户籍人口占比与农村户籍人口占比较为接近；在跨镇流动方面，农村户籍人口流动比例为 24.7%，略高于城镇户籍人口的 22.8%。总体而言，城镇户籍的流动人口倾向于长半径流动，而农村户籍的流动人口倾向于短半径流动。

表 2-21　流动人口的流动半径分布　　　　　　　　　　　单位:%

户籍类型	跨省流动	跨市流动	跨县流动	跨镇流动
城镇户籍	35.6	26.6	13.1	22.8
农村户籍	32.4	29.1	13.0	24.7
总体	33.5	28.3	13.1	24.1

注：跨省流动是指跨省（自治区、直辖市）流动，跨市流动是指跨市（州）流动，跨县流动是指跨县（区、县级市）流动，跨镇流动是指跨乡（镇、街道）流动。由于部分流动人口的流动半径无法明确界定，相关数据未纳入统计，因此各项结果的总和可能略低于 100%。下文中涉及流动半径的分析均采用相同处理方式。

表 2-22 分性别展示了流动人口的流动半径分布。数据显示，在跨省流动中，男性人口的流动比例为 36.6%，明显高于女性人口的 30.2%。这表明男性人口在省际长距离流动中的活跃度更高。在跨市流动中，男性人口与女性人口的流动比例分别为 28.7% 和

27.6%，差异相对较小。相比之下，女性群体在省内短距离流动中表现得更为突出：在跨县流动中，女性人口的流动比例为14.5%，显著高于男性人口的11.6%；在跨镇流动中，女性人口的流动比例达26.3%，亦显著高于男性人口的21.7%。这一分布模式揭示出不同性别在流动半径选择上的差异：男性群体集中于长距离流动，如跨省流动；而女性群体则偏好短距离迁移，如跨县流动、跨镇流动。

表 2-22　分性别的流动人口流动半径分布　　　　　　　　　单位：%

性别	跨省流动	跨市流动	跨县流动	跨镇流动
男性	36.6	28.7	11.6	21.7
女性	30.2	27.6	14.5	26.3

表 2-23 分年龄段展示了农村户籍人口的流动半径分布。数据显示，随着农村户籍人口年龄的增长，跨省流动比例呈现出先升后降的趋势。具体来看，16～29岁年龄段人口的跨省流动比例为38.6%，30～39岁年龄段人口的跨省流动比例达到峰值41.6%。此后，跨省流动人口比例开始下降，到70～79岁年龄段时，该比例骤降至9.6%。这反映出年轻一代基于就业和发展需求表现出较强的跨区域迁移倾向，而老年群体受身体机能及归属感的制约，更倾向于在本地生活。

在跨市流动中，各年龄段的农村户籍人口比例相对稳定，但在16～29岁与50～59岁两个年龄段处于较高水平，占比分别为34.2%和29.0%；在40～49岁与70～79岁两个年龄段处于较低水平，占比分别为24.2%和17.6%。这种分布可能与不同年龄段人群的生活阶段及责任有关。对16～29岁的群体而言，他们正处于职业生涯的起步阶段，通常没有太多的家庭负担，往往愿意为了追求更多的工作机会而灵活选择工作地点，从而导致跨市流动比例偏高；对50～59岁的群体而言，他们可能接近退休年龄，子女也已长大成人，因此有更多的时间进行跨市流动；对40～49岁的群体而言，他们通常承担着较多的家庭责任，如子女教育和老人赡养等，这限制了他们进行中距离流动的意愿和能力；对70～79岁的群体而言，由于身体机能下降、依赖熟悉的环境，他们更倾向于在本地生活，因此，这一年龄段人口的跨市流动比例在所有年龄段中是最低的。

此外，农村户籍人口的短距离流动在不同年龄段表现出明显差异。跨县流动比例从16～29岁年龄段人口的11.3%上升至70～79岁年龄段人口的20.7%，跨镇流动比例则从16～29岁年龄段人口的15.3%持续上升至70～79岁年龄段人口的51.1%。数据显示，60～69岁年龄段可能是流动半径缩小的转折点。处于这一阶段的群体，其跨镇流动比例为37.8%，显著高于跨省流动比例。

表 2-23 分年龄段的农村户籍人口流动半径分布　　　　单位:%

年龄段	跨省流动	跨市流动	跨县流动	跨镇流动
16~29 岁	38.6	34.2	11.3	15.3
30~39 岁	41.6	28.7	11.0	18.1
40~49 岁	36.8	24.2	9.4	28.3
50~59 岁	26.6	29.0	14.6	28.7
60~69 岁	20.5	25.7	15.3	37.8
70~79 岁	9.6	17.6	20.7	51.1

表 2-24 分学历汇报了农村户籍人口的流动半径分布。数据显示,跨省流动比例随农村户籍人口教育水平的提升而大幅增长:在未上过学的群体中,跨省流动比例仅为18.3%;而在大专及以上学历群体中,这一比例跃升至37.1%。值得注意的是,初中学历群体的跨省流动比例为37.8%,略高于高中学历群体的36.3%和大专及以上学历群体的37.1%。

相比之下,跨镇流动比例则随农村户籍人口教育水平的提升而大幅下降:在未上过学的群体中,跨镇流动比例高达39.5%;而在大专及以上学历群体中,这一比例仅为17.6%。

在跨市流动方面,大专及以上学历群体的占比最高,达到33.0%;其次是高中学历群体,占比为28.9%;小学学历群体的占比最低,为23.1%;初中学历群体的占比为28.8%,与高中学历群体的占比最为接近。

表 2-24 分学历的农村户籍人口流动半径分布　　　　单位:%

学历	跨省流动	跨市流动	跨县流动	跨镇流动
未上过学	18.3	27.9	13.4	39.5
小学	31.7	23.1	11.3	33.0
初中	37.8	28.8	10.0	22.6
高中	36.3	28.9	14.1	19.4
大专及以上	37.1	33.0	12.1	17.6

2.3　工作及收入状况

2.3.1　工作概况

表2-25分城乡、分区域展示了我国居民的就业方式。从全国范围来看，受雇是最主要的就业方式。具体而言，受雇的居民占比最高，达到62.1%；其次是务农的居民，占比为21.3%；自雇和灵活就业的居民占比相对较低，分别为8.8%和7.8%。

分城乡来看，城镇居民以受雇为主，占比达到76.7%；而农村居民则以务农为主，占比达45.5%。这种差异表现出较为明显的二元经济体制特征。值得注意的是，在城镇居民中，自雇的占比为10.8%，灵活就业的占比为8.0%，均高于农村居民的相应比例。这表明城镇地区的非正规经济①对劳动力的吸纳能力更强。

分区域来看，对受雇方式而言，东部地区居民的占比最高，达到68.6%，这源于该地区的第二、三产业较为发达；东北地区居民的占比为58.8%，略低于中部地区居民的60.2%，这可能是因为中部地区近年来在承接东部产业转移和推动新型工业化方面成效显著，制造业和服务业发展迅速，创造了较多的受雇就业机会。对务农方式而言，西部地区居民的占比最高，达到27.3%，反映出该地区农业经济比重较高的特征。自雇的居民占比与灵活就业的居民占比在地区间的差异较小，表明自雇、灵活就业这两种就业方式在全国范围内具有一定的普遍性。

表2-25　分城乡、分区域的居民就业方式　　　　　　　　　单位:%

区域	受雇	自雇	灵活就业	务农
全国	62.1	8.8	7.8	21.3
城镇	76.7	10.8	8.0	4.5
农村	41.0	5.9	7.6	45.5
东部	68.6	9.6	7.5	14.3
中部	60.2	7.5	8.8	23.5
西部	56.0	9.3	7.4	27.3
东北	58.8	7.2	8.6	25.4

注：自雇是指个体经营者、雇主、自营劳动者等从事的工商业经营活动。

---

① 非正规经济是一个经济学术语，是指那些在非正规部门中从事的各种经济活动。

图 2-1 分城乡展示了不同就业方式下，我国就业人口的平均年龄。从全国范围来看，务农人口的平均年龄最高，达到 55.2 岁；其次是自雇人口，平均年龄为 43.2 岁；灵活就业人口的平均年龄为 42.8 岁；受雇人口的平均年龄最低，为 40.1 岁。城镇地区与农村地区均呈现出类似的年龄分布特征。以上数据表明，一方面，农业劳动力的老龄化问题较为突出；另一方面，受雇人口的平均年龄最低，反映出青壮年劳动力主要选择受雇作为就业方式。

分城乡来看，城镇地区与农村地区务农人口的平均年龄差异较小，表明农业劳动力的老龄化现象在城乡之间具有普遍性。此外，在其他就业方式下，城镇地区就业人口的平均年龄都高于农村地区就业人口。

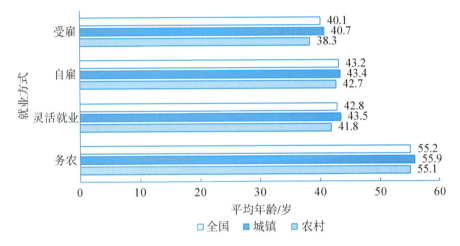

图 2-1　不同就业方式下就业人口的平均年龄

图 2-2 分城乡展示了不同就业方式下，我国就业人口的平均受教育年限。从全国范围来看，受雇人口的平均受教育年限最高，达到 12.7 年，显著高于自雇人口的 10.7 年、灵活就业人口的 9.9 年和务农人口的 6.9 年。这表明受教育程度是影响就业选择的重要因素，受雇对高学历劳动力的吸引力最强，而务农则多为低学历劳动力的选择。

分城乡来看，城镇地区与农村地区务农人口的平均受教育年限差异较小，表明农业劳动力受教育程度较低的现象在城乡之间具有普遍性。此外，在其他就业方式下，农村地区就业人口的平均受教育年限都明显低于城镇地区就业人口。

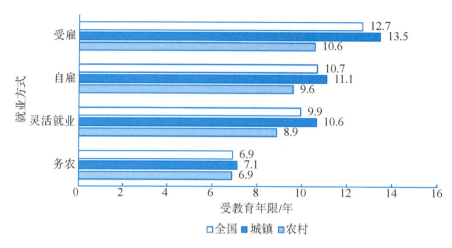

图 2-2　不同就业方式下就业人口的平均受教育年限

2.3.2　受雇人口特征

表 2-26 分城乡展示了我国就业人口的受雇单位类型分布。从全国范围来看，私营企业是吸纳就业人口最多的单位类型。具体而言，在我国的就业人口中，受雇于私营企业的占比最高，达到 37.0%；其次是受雇于党政机关及事业单位的占比，为 26.7%；再次是受雇于国有及国有控股企业的占比，为 15.4%。而受雇于个体工商户、境外投资企业及其他单位的占比相对较低，分别为 14.3%、2.0%和 4.6%。

分城乡来看，无论是在城镇地区还是在农村地区，私营企业都是最主要的用人单位类型。在城镇地区的就业人口中，受雇于私营企业的占比为 33.7%；在农村地区的就业人口中，这一比例更高，达到 46.6%。在城镇地区，党政机关及事业单位是仅次于私营企业的第二大用人单位类型，受雇于其的人口占比为 30.2%，这一现象反映出城镇地区劳动力在就业选择中对稳定性和保障性岗位的偏好；而在农村地区，个体工商户是仅次于私营企业的第二大用人单位类型，受雇于其的人口占比为 21.3%。此外，受雇于境外投资企业和其他单位的人口占比在城乡之间存在一定差异。在城镇地区，受雇于境外投资企业和其他单位的人口占比分别为 2.3%和 4.1%；而在农村地区，相应比例分别为 1.2%和 6.1%。

表 2-26　分城乡的就业人口受雇单位类型分布　　　　　　　单位:%

区域	党政机关及事业单位	国有及国有控股企业	个体工商户	私营企业	境外投资企业	其他
城镇	30.2	17.8	11.9	33.7	2.3	4.1
农村	16.4	8.4	21.3	46.6	1.2	6.1
全国	26.7	15.4	14.3	37.0	2.0	4.6

表 2-27 分年龄段展示了我国就业人口的受雇单位类型分布。从不同年龄段来看，在我国的就业人口中，受雇于党政机关及事业单位的占比呈现出一定的波动性。在 50~59 周岁年龄段，占比达到峰值 31.3%，而在 60 周岁及以上年龄段则下降至 20.6%。这一变化趋势反映出老年劳动力因退休或职业转型而逐渐退出公共部门。受雇于国有及国有控股企业的占比在 50~59 周岁年龄段达到峰值 18.1%，在 60 周岁及以上年龄段下降至 17.0%。受雇于私营企业的占比在 30 周岁以下年龄段最高，为 43.9%，之后随就业人口年龄的增长而逐渐下降，至 60 周岁及以上年龄段降至 30.1%。受雇于个体工商户的占比相对较为稳定，整体呈现略微下降的趋势，从 30 周岁以下年龄段的 14.0% 下降至 50~59 周岁年龄段的 12.7%，在 60 周岁及以上年龄段有明显回升。这种分布反映出随着就业人口年龄的增长，个体工商户吸纳了较多因退休或职业转型而退出传统劳动力市场的老年人口。受雇于境外投资企业的占比在 40~49 周岁年龄段达到峰值 2.8%，随后快速下降。这一分布模式表明境外投资企业更倾向于招聘年轻劳动力和中年劳动力，其对老年劳动力的吸纳能力相对有限。受雇于其他单位的占比在 60 周岁及以上年龄段最高，达 14.3%，反映出超过退休年龄的老年劳动力更多地从事非正式或临时性工作。

表 2-27　分年龄段的就业人口受雇单位类型分布　　　　　　　　　　单位：%

年龄段	党政机关及事业单位	国有及国有控股企业	个体工商户	私营企业	境外投资企业	其他
30 周岁以下	23.8	14.1	14.0	43.9	1.6	2.6
30~39 周岁	23.3	14.7	15.0	41.0	2.5	3.5
40~49 周岁	30.1	15.0	14.3	32.2	2.8	5.6
50~59 周岁	31.3	18.1	12.7	31.8	0.7	5.4
60 周岁及以上	20.6	17.0	17.9	30.1	0.1	14.3

图 2-3 分城乡展示了不同用人单位类型下，我国就业人口的平均受教育年限。从全国范围来看，党政机关及事业单位就业人口的平均受教育年限最高，达到 14.6 年；其次是境外投资企业，其就业人口的平均受教育年限为 14.4 年；国有及国有控股企业就业人口的平均受教育年限为 13.8 年；私营企业就业人口的平均受教育年限为 11.9 年；个体工商户就业人口的平均受教育年限为 10.3 年。这表明，高学历群体更倾向于选择党政机关及事业单位、境外投资企业、国有及国有控股企业等稳定性较强、薪资待遇较好的用人单位类型，而个体工商户等小型微型企业则更多地吸纳受教育程度相对较低的劳动力。

分城乡来看，在所有用人单位中，农村地区就业人口的平均受教育年限都显著低于城镇地区就业人口，反映出城乡之间在教育水平和就业结构上的差异。

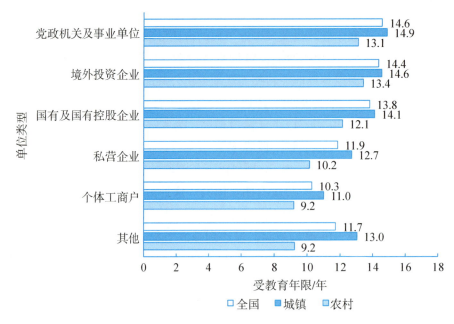

图 2-3　不同用人单位类型下就业人口的平均受教育年限

表 2-28 分城乡展示了我国就业人口的职业分布情况。从全国范围来看，在就业人口中，专业技术人员的占比最高，达到 29.2%；其次是办事人员和有关人员，占比为 22.9%；再次是其他社会生产服务人员和生活服务人员，占比为 20.2%。生产制造及相关人员、党政机关、群团组织、社会组织、企事业单位的负责人，以及其他从业人员的占比较低，分别为 14.0%、6.0% 和 7.7%。

分城乡来看，在城镇地区，专业技术人员的占比最高，为 32.5%；其次是办事人员和有关人员，占比为 26.5%；其他社会生产服务人员和生活服务人员的占比为 18.4%。在农村地区，生产制造及相关人员的占比最高，为 27.2%；其次是其他社会生产服务人员和生活服务人员，占比为 25.3%。这表明城镇地区的就业岗位以专业技术岗位、管理岗位为主，而农村地区的就业岗位则以服务性岗位、生产性岗位为主。

表 2-28　分城乡的就业人口职业分布　　　　　　　　　　　　单位:%

区域	党政机关、群团组织、社会组织、企事业单位的负责人	专业技术人员	办事人员和有关人员	其他社会生产服务人员和生活服务人员	生产制造及相关人员	其他从业人员
城镇	6.8	32.5	26.5	18.4	9.2	6.6
农村	3.6	20.0	12.9	25.3	27.2	11.0
全国	6.0	29.2	22.9	20.2	14.0	7.7

表 2-29 分年龄段展示了我国就业人口的职业分布情况。从不同年龄段来看，30 周岁以下群体中，专业技术人员的占比最高，达到 36.2%，且随着就业人口年龄的增长，该占比呈逐渐下降的趋势。这一现象表明，年轻劳动力更倾向于选择专业技术岗位，但随着职业生涯的发展，部分人可能会转向其他职业领域。在 30 周岁以下年龄段，办事人员和有关人员的占比为 24.2%，其他社会生产服务人员和生活服务人员的占比为 19.3%，生产制造及相关人员、其他从业人员的占比相对较低，分别为 9.2% 和 7.9%。60 周岁以下年龄段的职业分布情况与 30 周岁以下年龄段较为相似。

分职业来看，党政机关、群团组织、社会组织、企事业单位的负责人占比随年龄增加而逐渐增长，这可能反映出年轻劳动力处于职业发展的早期阶段，进入管理岗位的机会相对较少。办事人员和有关人员、其他社会生产服务人员和生活服务人员的占比在各年龄段相对稳定，表明这些职业对不同年龄段的劳动力具有相似的吸引力。生产制造及相关人员的占比在 30 周岁以下群体中为 9.2%，之后随年龄增长逐渐上升，这可能反映出中年劳动力更多地选择生产制造岗位，以满足对稳定性和保障性的需求。在 60 周岁及以上年龄段，就业人口的职业分布发生了较大变动，主要表现为：其他社会生产服务人员和生活服务人员的占比迅速上升至 30.1%，而专业技术人员、办事人员和有关人员的占比则分别下降至 16.1% 和 13.5%。这种变化可能与老年群体的职业退出有关，即在临近退休或退休后，部分劳动力会转向就业形式相对灵活的领域，如社会生产服务、生活服务领域等，以实现平稳过渡或部分退出。

表 2-29 分年龄段的就业人口职业分布　　　　单位:%

年龄段	党政机关、群团组织、社会组织、企事业单位的负责人	专业技术人员	办事人员和有关人员	其他社会生产服务人员和生活服务人员	生产制造及相关人员	其他从业人员
30 周岁以下	3.2	36.2	24.2	19.3	9.2	7.9
30~39 周岁	5.5	30.3	23.3	18.7	14.8	7.4
40~49 周岁	6.7	26.6	23.9	20.6	14.9	7.3
50~59 周岁	8.2	26.8	21.2	21.1	15.4	7.3
60 周岁及以上	8.1	16.1	13.5	30.1	17.1	15.1

图 2-4 分城乡展示了不同职业类型下，我国就业人口的平均受教育年限。从全国范围来看，党政机关、群团组织、社会组织、企事业单位的负责人的平均受教育年限最高，达到 14.8 年；其次是专业技术人员，为 14.3 年；办事人员和有关人员的平均受教育年限为 14.0 年；其他社会生产服务人员和生活服务人员的平均受教育年限为 10.8 年；生产制造及相关人员的平均受教育年限为 9.9 年；其他从业人员的平均受教育年限为 11.0 年。这表明受教育程度较高的人群更倾向于选择管理岗位和专业技术岗位，而受教育程度较低的

人群则更多地选择生产性岗位和服务性岗位。

分城乡来看，城镇地区与农村地区的就业人口在平均受教育年限分布上呈现出与全国相似的特征。然而，在所有职业类型中，城镇地区就业人口的平均受教育年限都显著高于农村地区就业人口。

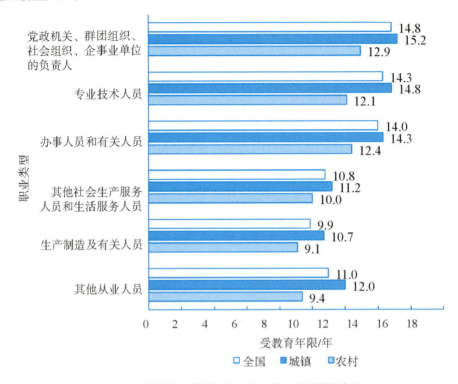

图2-4 不同职业类型下就业人口的平均受教育年限

图2-5展示了灵活就业人口的具体工作类型分布情况。在我国的灵活就业人口中，"建筑、装修行业的零工""家政、修理和其他服务业的零工""搬运工、杂工、人力车夫等零工"的占比分别为25.9%、19.0%、16.2%，这表明传统服务业仍具有较大的市场需求。此外，参与"其他"工作的占比达到19.9%，这反映出灵活就业的形式非常广泛，还涵盖众多未被具体列出的新兴职业或临时性工作。

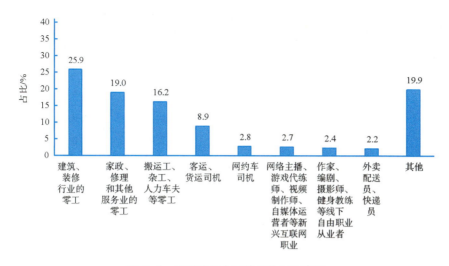

图2-5 灵活就业人口的具体工作类型

2.3.3 工资收入概况

表2-30分城乡及区域展示了我国就业人口的年均工资收入情况。从全国范围来看，就业人口的年工资收入均值为5.7万元，中位数为4.0万元。这表明我国就业人口的工资收入存在一定差异。

分城乡来看，城镇地区就业人口的年工资收入均值为6.4万元，中位数为4.6万元，分别高于农村地区就业人口的3.8万元和3.0万元。此外，城镇地区低收入群体（10分位数）和高收入群体（90分位数）的年均工资收入都高于农村地区相应群体，反映出城乡工资性收入差距普遍存在。

分区域来看，东部地区就业人口的年工资收入均值最高，达到6.9万元，中位数为4.8万元。这表明东部地区的经济发展水平较高，年均工资收入整体处于较高水平，且高收入群体的年均工资收入明显高于其他地区相应群体。中部地区与西部地区就业人口的年工资收入较为接近，均值分别为4.7万元和5.0万元，中位数均为3.7万元，但西部地区高收入群体（90分位数）的年均工资收入略高于中部地区相应群体，反映出在西部地区内部，就业人口的年均工资收入差距相对较大。东北地区就业人口的年工资收入均值为4.1万元，中位数为3.2万元，在所有区域中处于较低水平，且不同收入水平的就业人口，其年均工资收入都明显低于其他地区相应群体，表明东北地区就业人口的年均工资收入整体偏低。

表 2-30　分城乡、分区域的就业人口年均工资收入情况　　　　单位：万元

区域	均值	中位数	10 分位数	25 分位数	75 分位数	90 分位数
全国	5.7	4.0	0.8	2.2	7.0	11.3
城镇	6.4	4.6	1.1	2.5	7.8	13.0
农村	3.8	3.0	0.6	1.5	5.0	7.3
东部	6.9	4.8	0.9	2.4	8.0	14.1
中部	4.7	3.7	1.0	2.1	6.0	8.7
西部	5.0	3.7	0.8	2.0	6.5	10.0
东北	4.1	3.2	0.5	1.6	5.2	8.3

2.3.4　工资收入影响因素

表 2-31 分城乡及年龄段展示了我国就业人口在 2020 年的工资收入情况。从全国范围来看，男性的年均工资收入为 6.1 万元，女性为 5.0 万元，可见男性的年均工资收入普遍高于女性。

分年龄段来看，男性与女性的年均工资收入都在 30~39 周岁年龄段达到峰值，表明这一阶段是职业发展的黄金时期。此后，随着年龄的增长，年均工资收入水平逐渐下降：在 40~49 周岁年龄段，男性的年均工资收入降至 6.6 万元，女性降至 5.2 万元；在 50~59 周岁年龄段，男性的年均工资收入进一步降至 5.3 万元，女性降至 4.1 万元；在 60 周岁及以上年龄段，男性与女性的年均工资收入均出现骤降。

分城乡来看，无论是男性还是女性，在每个年龄段，城镇地区就业人口的年均工资收入都显著高于农村地区就业人口。例如，在 30~39 周岁年龄段，城镇地区男性的年均工资收入为 8.7 万元，女性为 6.2 万元；而农村地区男性的年均工资收入为 4.6 万元，女性为 3.9 万元。

表 2-31　分城乡及年龄段的就业人口年均工资收入情况　　　　单位：万元

年龄段	全国		城镇		农村	
	男性	女性	男性	女性	男性	女性
30 周岁以下	5.1	4.9	5.8	5.5	4.2	3.8
30~39 周岁	7.4	5.7	8.7	6.2	4.6	3.9
40~49 周岁	6.6	5.2	7.5	5.8	4.2	2.8
50~59 周岁	5.3	4.1	6.2	4.7	3.4	2.4
60 周岁及以上	3.1	2.6	3.7	3.0	2.2	2.1
总体	6.1	5.0	7.1	5.6	4.0	3.3

表 2-32 分城乡、学历及性别展示了我国就业人口的年均工资收入情况。从全国范围来看，年均工资收入随学历提升呈现出显著的增长趋势：硕士研究生、博士研究生学历群体的年均工资收入水平最高，其中男性为 18.0 万元，女性为 12.0 万元；而没上过学的群体的年均工资收入水平最低，其中男性为 2.0 万元，女性为 1.8 万元。这表明人力资本积累是影响工资收入水平的关键因素，高学历群体能够获得更高的经济回报。

分城乡来看，在所有学历层次中，城镇地区就业人口的年均工资收入都显著高于农村地区就业人口。例如，对于大学本科学历，城镇地区男性的年均工资收入为 10.5 万元，女性为 8.1 万元；而农村地区男性的年均工资收入为 6.6 万元，女性为 5.6 万元。

分性别来看，在所有学历层次中，男性的年均工资收入都显著高于女性。例如，对于大专、高职学历，男性的年均工资收入为 6.6 万元，女性为 5.0 万元；对于大学本科学历，男性的年均工资收入为 10.1 万元，女性为 7.6 万元。

表 2-32　分城乡、学历及性别的就业人口年均工资收入情况　　　　单位：万元

学历	全国		城镇		农村	
	男性	女性	男性	女性	男性	女性
没上过学	2.0	1.8	2.7	2.4	1.8	1.6
小学	2.9	2.3	3.5	2.5	2.6	2.2
初中	4.0	2.9	4.1	3.0	3.9	2.9
高中	4.8	3.5	5.2	3.6	4.1	3.3
中专、职高	5.2	4.1	5.4	4.2	4.5	3.7
大专、高职	6.6	5.0	6.8	5.2	5.3	4.3
大学本科	10.1	7.6	10.5	8.1	6.6	5.6
硕士研究生、博士研究生	18.0	12.0	18.3	12.2	–	–

注：农村地区硕士研究生、博士研究生样本较少，对其按性别分组可能导致统计结果存在较大偏差，因此相关数据未作汇报。

图 2-6 分城乡及用人单位类型展示了我国就业人口在 2020 年的工资收入情况。从全国范围来看，境外投资企业就业人口的年均工资收入最高，为 13.9 万元；其次是国有及国有控股企业就业人口，其年均工资收入为 8.0 万元；党政机关及事业单位就业人口的年均工资收入为 6.5 万元；私营企业就业人口的年均工资收入为 5.9 万元；个体工商户就业人口的年均工资收入为 3.9 万元；其他单位就业人口的年均工资收入为 4.1 万元。这表明不同类型用人单位的工资收入存在显著差异，境外投资企业、国有及国有控股企业的工资收入水平较高，而个体工商户、其他单位的工资收入水平相对较低。城镇地区与农村地区均表现出与此类似的分布特征。但是，在所有类型的用人单位中，城镇地区就业人口的年均工资收入都高于农村地区就业人口。

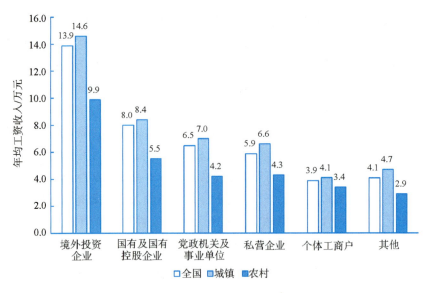

图 2-6　分城乡及用人单位类型的就业人口年均工资收入情况

　　图 2-7 分城乡及职业类型展示了我国就业人口在 2020 年的年均工资收入情况。从全国范围来看，专业技术人员的年均工资收入水平最高，为 8.6 万元；其次是党政机关、群团组织、社会组织、企事业单位的负责人，其年均工资收入达 8.3 万元；办事人员和有关人员的年均工资收入为 6.0 万元；生产制造及相关人员的年均工资收入为 4.5 万元；其他社会生产服务人员和生活服务人员的年均工资收入为 4.0 万元；其他从业人员的年均工资收入为 4.3 万元。数据表明，职业类型是影响工资收入水平的重要因素，管理岗位与专业技术岗位的年均工资收入水平明显高于生产性岗位与服务性岗位。

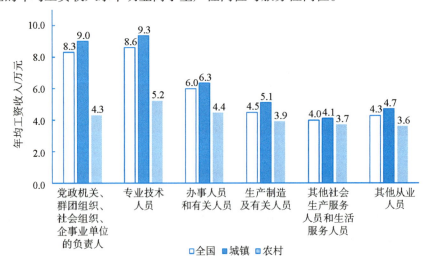

图 2-7　分城乡及职业类型的就业人口年均工资收入情况

　　分城乡来看，在所有职业类型中，城镇地区就业人口的年均工资收入都显著高于农村地区就业人口。值得注意的是，尽管城乡之间的年均工资收入水平存在一定差异，但不同职业类型的收入排序基本一致。这表明职业类型对工资收入的影响具有普遍性，同时反映出城乡之间的工资收入差距可能加剧不同职业群体的工资收入不平等。

3 家庭资产结构

3.1 家庭总资产分布

家庭总资产主要包括非金融资产和金融资产两大类。非金融资产涵盖农业、工商业等生产经营性资产，房产与土地资产，车辆及家庭耐用品；金融资产则包括活期存款、定期存款、股票、债券、基金、衍生品、金融理财产品、非人民币资产、黄金、借出款等[①]。

表3-1展示了我国家庭的总资产规模分布情况。从全国范围来看，家庭总资产以中小规模为主，中位数为45.6万元。其中，总资产在10万元~50万元的家庭占比最高，达到36.1%；总资产在500万元以上的家庭仅占4.7%。

此外，家庭总资产规模在分布上呈现出明显的区域差异。城镇家庭的总资产规模普遍大于农村家庭，东部地区家庭的总资产额度显著高于中部地区、西部地区和东北地区家庭。这种差异不仅反映出城乡经济发展的不平衡，还体现出区域经济发展的梯度特征。

分城乡来看，城镇家庭的总资产中位数达到69.7万元。具体而言，总资产超过50万元的城镇家庭占59.9%，其中总资产在100万元（不含）~250万元的占22.2%。相比之下，农村家庭的总资产中位数仅为23.2万元。具体而言，总资产在10万元~50万元的农村家庭占比接近一半（49.5%），而总资产在500万元以上的仅有0.5%。这些数据表明，城镇家庭在资产积累方面具有显著优势，可能与城镇地区良好的经济环境、较高的收入水平及多元化的投资渠道有关。

分区域来看，东部地区家庭的表现尤为突出，总资产中位数为79.5万元，位居首位。在东部地区，总资产在250万元以上的家庭占比25.4%，远超全国平均水平（11.7%），总资产在500万元以上的家庭达到12.7%。这一现象可能与东部地区作为我国经济发展的前沿阵地，拥有更成熟的金融市场、更完善的基础设施及更包容的创新创业环境密切相关。中部地区和西部地区家庭的总资产中位数分别为39.9万元和43.0万元，总资产规模主要集中在10万元~50万元和50万元（不含）~100万元。东北地区家庭的财富水平最低，总资产中位数仅22.4万元，其中总资产在10万元以下的家庭占比25.6%，在各区域

[①] 与以往的统计口径不同，本书的金融资产不包括社会保险账户余额。

中最高。由此可见，东北地区家庭的资产规模相对较小，这可能与该地区近年来面临的经济转型压力、产业结构调整及人口外流等因素有关。

整体来看，区域经济发展水平与我国家庭的资产规模高度关联。经济发展水平较高的地区，通常能够为家庭提供更多的投资机会、更高的收入及更完善的金融服务，从而促进家庭总资产的积累和增长。相反，经济发展相对滞后的地区可能因投资渠道有限、收入增长难度较大而使家庭的总资产规模普遍偏小。因此，推动区域经济协调发展，缩小城乡经济差距，对于提升家庭总资产规模、促进社会公平具有重要意义。

表 3-1 我国家庭的总资产规模分布情况

类别	全国	城镇	农村	东部	中部	西部	东北
10 万元以下的占比/%	16.4	11.9	24.3	12.6	16.0	17.5	25.6
10 万元~50 万元的占比/%	36.1	28.2	49.5	27.2	42.3	37.3	46.2
50 万元（不含）~100 万元的占比/%	18.6	20.5	15.4	15.8	20.2	20.7	15.8
100 万元（不含）~250 万元的占比/%	17.2	22.2	8.6	19.0	17.2	17.6	9.9
250 万元（不含）~500 万元的占比/%	7.0	10.0	1.7	12.7	3.2	5.7	2.0
500 万元（不含）~1 000 万元的占比/%	3.6	5.4	0.4	9.6	0.9	0.9	0.4
1 000 万元以上的占比/%	1.1	1.8	0.1	3.1	0.2	0.3	0.1
中位数/万元	45.6	69.7	23.2	79.5	39.9	43.0	22.4

表 3-2 分析了不同户主年龄段家庭的总资产规模分布情况。数据显示，户主年龄与家庭的总资产规模呈现出倒 U 形关系。

具体而言，户主年龄为 16~25 周岁的家庭，总资产积累最少，10 万元以下的家庭占比高达 40.8%，中位数仅为 27.9 万元。这表明在处于起步阶段的年轻家庭中，资产积累相对有限。

户主年龄为 26~35 周岁的家庭，总资产规模快速扩大，中位数达到峰值 73.0 万元。其中，总资产在 10 万元~50 万元的家庭占比为 25.9%，总资产在 250 万元以上的家庭占比升至 16.0%。这一阶段的户主处于职业成长期，收入水平持续提高，因此家庭的财富积累速度相对较快。

户主年龄为 36~45 周岁的家庭，资产结构趋于稳定。虽然中位数微降至 68.5 万元，但总资产在 250 万元以上的家庭比例进一步增至 16.3%。这一阶段的家庭可能伴随着房产购置与投资行为的增加，因此总资产规模相对较大。

户主年龄为 46~55 周岁的家庭，总资产规模有所收缩，中位数降至 51.0 万元，总资产在 250 万元以上的家庭比例回落至 11.2%。这或许与子女教育开销、房贷等大额支出相关，导致总资产规模下降。

户主年龄为56周岁及以上的家庭，其总资产规模显著减小，中位数仅为36.7万元。总资产在10万元以下的家庭占比反弹至20.6%，而总资产在250万元以上的家庭比例跌至10.3%。这一现象体现出在户主退休后，受到资金流动性降低及消费性支出的影响，家庭的总资产规模逐渐减小。

整体来看，我国家庭的总资产规模呈现出青年低起点、壮年速积累、中年达峰值后缓降的生命周期曲线，反映了户主年龄段不同的家庭在财富积累和资产配置上的阶段性特征。

表3-2　不同户主年龄段家庭的总资产规模分布情况

类别	16~25周岁	26~35周岁	36~45周岁	46~55周岁	56周岁及以上
10万元以下的占比/%	40.8	11.3	9.0	11.8	20.6
10万元~50万元的占比/%	21.4	25.9	31.1	37.7	38.0
50万元（不含）~100万元的占比/%	11.7	23.4	21.5	21.2	16.3
100万元（不含）~250万元的占比/%	18.7	23.4	22.1	18.1	14.8
250万元（不含）~500万元的占比/%	2.0	9.9	10.6	7.2	5.7
500万元（不含）~1000万元的占比/%	4.1	4.6	4.0	2.6	3.8
1000万元以上的占比/%	1.3	1.5	1.7	1.4	0.8
中位数/万元	27.9	73.0	68.5	51.0	36.7

表3-3分析了不同户主学历层次家庭的总资产规模分布情况。数据显示，户主学历与家庭的总资产规模呈现出显著的阶梯式分化态势。在户主学历较低的家庭中，总资产额度高度集中于偏低区间。具体来看，在户主没上过学的家庭中，总资产在10万元以下的占比高达42.8%，而总资产在250万元以上的比例仅0.8%，总资产中位数仅为12.3万元。随着户主学历的提升，家庭的总资产规模逐步增加。户主学历为小学的家庭，总资产中位数升至22.5万元；户主学历为初中的家庭，总资产中位数进一步升至40.7万元。但在这些家庭中，总资产在10万元~50万元的仍占主导地位，相应比例分别为48.3%和40.6%。

在户主学历为高中、中专、职高及以上的家庭中，资产结构得到显著优化。其中，户主学历为高中、中专、职高的家庭，总资产中位数达到67.5万元，总资产在100万元（不含）~250万元的家庭占比为23.1%，总资产在250万元以上的家庭比例升至15.0%。户主学历为大专、高职的家庭，总资产中位数达到109.2万元，总资产在250万元以上的家庭比例达到22.8%。户主学历为本科及以上的家庭，总资产中位数达到180.0万元，总资产在100万元（不含）~250万元的家庭占28.6%，在250万元以上的家庭占39.6%，两者合计近七成；总资产在500万元以上的家庭比例达到17.8%。

表 3-3　不同户主学历层次家庭的总资产规模分布情况

类别	没上过学	小学	初中	高中、中专、职高	大专、高职	本科及以上
10 万元以下的占比/%	42.8	26.0	15.7	9.0	5.2	4.9
10 万元~50 万元的占比/%	43.3	48.3	40.6	31.1	19.3	10.7
50 万元（不含）~100 万元的占比/%	8.9	14.5	20.9	21.8	22.1	16.2
100 万元（不含）~250 万元的占比/%	4.2	8.7	15.2	23.1	30.6	28.6
250 万元（不含）~500 万元的占比/%	0.7	1.6	4.9	9.3	12.6	21.8
500 万元（不含）~1 000 万元的占比/%	0.0	0.8	2.1	4.5	8.2	11.7
1 000 万元以上的占比/%	0.1	0.1	0.6	1.2	2.0	6.1
中位数/万元	12.3	22.5	40.7	67.5	109.2	180.0

3.2　家庭净财富分布

　　表 3-4 展示了我国家庭的净财富分布情况。数据显示，我国家庭的净财富呈现出显著的橄榄型分布特征。从全国范围来看，净财富在 10 万元以上~50 万元的家庭占比最高，达到 35.9%，这部分家庭构成了社会财富的主要拥有群体；其次是净财富在 50 万元（不含）~100 万元的家庭，占比为 18.5%；再次是净财富在 100 万元（不含）~250 万元的家庭，占比为 16.1%。三者合计达 70.5%，显示出中等财富群体已具有一定规模。然而，财富分化现象依然较为严重，净财富在 1 万元以下的低收入家庭占比 5.1%，而在 1 000 万元以上的超高净值家庭占比 1.0%，形成了明显的金字塔结构。全国家庭的净财富中位数为 42.6 万元，由此可见，财富积累仍有较大提升空间。

　　分城乡来看，城镇家庭的净财富中位数达到 65.4 万元，约为农村家庭的 3.04 倍。具体而言，在 1 万元~5 万元、5 万元（不含）~10 万元等偏低区间，农村家庭的占比分别为 10.3% 和 11.4%，显著高于城镇家庭的 4.4% 和 4.3%；而在 50 万元（不含）~100 万元、100 万元（不含）~250 万元等偏高区间，城镇家庭的占比分别为 20.7% 和 21.0%，远超农村家庭的 14.8% 和 7.7%；特别是在 250 万元以上的区间，城镇家庭的占比达到 16.1%，而农村家庭的占比仅为 2.0%。

　　分区域来看，我国家庭的净财富分布呈现出东高西低的特征。具体而言，东部地区家庭的净财富中位数达到 75.6 万元，分别是中部地区家庭、西部地区家庭和东北地区家庭的约 2.0 倍、约 1.9 倍和 3.6 倍。就偏高区间而言，净财富在 250 万元（不含）~500 万元、500 万元（不含）~1 000 万元、1 000 万元以上的东部地区家庭分别占比 12.4%、

9.3%、2.9%，均居全国首位，合计占比达到 24.6%，远超其他地区的家庭占比。就偏低区间而言，净财富在 1 万元以下、1 万元~5 万元的东北地区家庭分别占 8.4%、9.9%，在各区域中最高。

表 3-4　我国家庭的净财富分布情况

类别	全国	城镇	农村	东部	中部	西部	东北
1 万元以下的占比/%	5.1	4.6	5.9	3.5	4.6	5.7	8.4
1 万元~5 万元的占比/%	6.6	4.4	10.3	5.2	6.6	6.8	9.9
5 万元（不含）~10 万元的占比/%	6.9	4.3	11.4	5.4	6.7	7.6	9.5
10 万元（不含）~50 万元的占比/%	35.9	28.9	47.9	27.2	41.8	37.2	45.3
50 万元（不含）~100 万元的占比/%	18.5	20.7	14.8	15.7	20.7	20.2	16.0
100 万元（不含）~250 万元的占比/%	16.1	21.0	7.7	18.4	15.7	16.4	8.8
250 万元（不含）~500 万元的占比/%	6.5	9.4	1.5	12.4	2.9	5.0	1.6
500 万元（不含）~1 000 万元的占比/%	3.4	5.1	0.4	9.3	0.8	0.8	0.4
1 000 万元以上的占比/%	1.0	1.6	0.1	2.9	0.2	0.3	0.1
中位数/万元	42.6	65.4	21.5	75.6	38.0	38.8	21.0

注：净财富=总资产-负债。

表 3-5 分析了不同户主年龄段家庭的净财富分布情况。数据显示，户主年龄段不同的家庭在净财富分布上存在明显差异。

具体来看，户主年龄为 16~25 周岁的家庭，财富积累相对较少，净财富中位数仅为 21.9 万元。其中，净财富在 1 万元以下的家庭占比与 1 万元~5 万元的家庭占比在不同年龄段家庭中均为最高，分别为 15.9%、18.4%，两者合计 34.3%，反映出户主处于这一年龄段的家庭，其财富积累还在起步阶段。

户主年龄为 26~35 周岁的家庭，净财富规模快速提升，净财富中位数跃升至 60.7 万元。净财富在 10 万元（不含）~50 万元的家庭占比增至 28.7%，反映出职业发展初期的财富积累特征。

对于户主年龄为 36~45 周岁的家庭，净财富在 10 万元（不含）~50 万元的占比达到 31.2%，中位数达到峰值 63.0 万元。同时，净财富在 50 万元以上的家庭比例合计 56.5%，体现了收入高峰期的财富积累特征。

在户主年龄为 46~55 周岁的家庭中，净财富规模开始有所下降，中位数回落至 47.2 万元，但净财富在 10 万元（不含）~50 万元的家庭占比升至 36.9%，显示出户主处于这一年龄段的家庭，其财富结构具有稳定性。

在户主年龄为 56 周岁及以上的家庭中，净财富分布分化明显。净财富在 10 万元（不含）～50 万元的家庭占比最高，达到 37.6%，但中位数降低至 35.7 万元，可见高净值家庭比例显著减少。这反映出在户主退休后，家庭资产消耗增加、收入减少的状态。

整体而言，家庭的净财富分布呈现出"中间高、两头低"的态势。中年阶段是财富积累的黄金时期，而年轻群体和老年群体则面临较大的财富约束。

表 3-5　不同户主年龄段家庭的净财富分布情况

类别	16～25 周岁	26～35 周岁	36～45 周岁	46～55 周岁	56 周岁及以上
1 万元以下的占比/%	15.9	5.5	3.5	4.8	5.3
1 万元～5 万元的占比/%	18.4	3.8	4.2	4.4	8.3
5 万元（不含）～10 万元的占比/%	9.5	4.9	4.6	5.5	8.3
10 万元（不含）～50 万元的占比/%	22.0	28.7	31.2	36.9	37.6
50 万元（不含）～100 万元的占比/%	10.5	24.0	21.6	21.0	16.1
100 万元（不含）～250 万元的占比/%	16.5	20.4	20.8	16.8	14.2
250 万元（不含）～500 万元的占比/%	1.8	7.5	8.9	6.7	5.8
500 万元（不含）～1 000 万元的占比/%	4.1	3.9	3.6	2.6	3.6
1 000 万元以上的占比/%	1.3	1.3	1.6	1.3	0.8
中位数/万元	21.9	60.7	63.0	47.2	35.7

表 3-6 分析了不同户主学历层次家庭的净财富分布情况。数据显示，户主学历与家庭的净财富规模呈现显著的正相关关系。具体来看，户主学历较低的家庭，其净财富主要集中在中低区间。

在户主没上过学的家庭中，净财富中位数仅为 11.0 万元，净财富在 10 万元（不含）～50 万元的家庭占比为 40.7%，而在 50 万元以上的家庭比例仅为 13.3%。

户主学历为小学的家庭，其净财富中位数升至 21.2 万元；户主学历为初中的家庭，其净财富中位数进一步升至 37.6 万元，但净财富在 100 万元以上的家庭比例仍不足 25%。

在户主学历为高中、中专、职高的家庭中，财富结构得到明显优化，净财富中位数达 64.4 万元，净财富在 10 万元（不含）～50 万元的家庭占比为 31.4%，在 100 万元以上的家庭比例突破 36.1%。

户主学历为大专、高职的家庭，净财富中位数提升至 97.4 万元，净财富在 100 万元以上的家庭占比达到 49.2%。

对于户主学历为本科及以上的家庭，净财富中位数高达 161.2 万元，净财富在 100 万元以上的家庭占比为 63.9%，其中净财富在 100 万元（不含）～250 万元、250 万元（不含）～500 万元及 500 万元以上的家庭分别占比 28.1%、19.6%、16.2%，都为相应学历层次家庭中的最高比例。

　　总体来看，户主学历层次不同的家庭在净财富分布上呈现出鲜明的分层特征，即户主学历越高，则家庭的净财富规模越大，资产结构也更为优化。

表 3-6　不同户主学历层次家庭的净财富分布情况

类别	没上过学	小学	初中	高中、中专、职高	大专、高职	本科及以上
1 万元以下的占比/%	14.3	7.4	4.6	2.9	2.4	2.5
1 万元~5 万元的占比/%	16.5	10.6	6.1	3.7	2.4	1.7
5 万元（不含）~10 万元的占比/%	15.2	10.9	7.4	3.7	1.4	2.0
10 万元（不含）~50 万元的占比/%	40.7	46.6	40.3	31.4	21.5	12.5
50 万元（不含）~100 万元的占比/%	8.6	14.4	19.9	22.2	23.1	17.4
100 万元（不含）~250 万元的占比/%	3.9	7.8	14.3	21.9	27.9	28.1
250 万元（不含）~500 万元的占比/%	0.7	1.5	4.8	8.7	11.8	19.6
500 万元（不含）~1 000 万元的占比/%	0.0	0.6	2.1	4.3	7.7	10.8
1 000 万元以上的占比/%	0.1	0.2	0.5	1.2	1.8	5.4
中位数/万元	11.0	21.2	37.6	64.4	97.4	161.2

3.3　家庭总资产结构

　　表 3-7 展示了我国家庭的总资产结构。数据显示，在我国家庭的总资产中，非金融资产的占比较高。从全国范围来看，非金融资产占比达 88.1%，其中住房资产占比 74.4%，是非金融资产中的核心组成部分。

　　分城乡来看，农村家庭的非金融资产占比 91.2%，高于城镇家庭的 87.5%。在农村家庭的非金融资产中，其他资产（如土地等）占比达 24.6%。相比之下，城镇家庭在金融资产配置上更具优势。具体而言，城镇家庭的金融资产占比为 12.5%，高于农村家庭的 8.8%。值得关注的是，经营性资产在农村家庭中占比 8.3%，约为城镇家庭的 2.4 倍，反映出农村家庭更多地依赖生产类资产。

　　分区域来看，东部地区家庭的住房资产占比高达 80.1%，显著高于中部地区家庭的 68.5%、西部地区家庭的 67.1% 和东北地区家庭的 65.8%。这体现出东部地区房产的高价值属性，可能与该地区的经济发展水平、人口流入及房地产市场的供需关系密切相关。

表 3-7 我国家庭的总资产结构   单位:%

类别	全国	城镇	农村	东部	中部	西部	东北
金融资产	11.9	12.5	8.8	11.5	12.8	11.5	16.5
非金融资产	88.1	87.5	91.2	88.5	87.2	88.5	83.5
——经营性资产	4.2	3.4	8.3	2.7	4.1	7.1	4.9
——住房资产	74.4	78.1	54.0	80.1	68.5	67.1	65.8
——车辆资产	2.8	2.5	4.3	2.0	3.8	3.7	3.7
——其他资产	6.7	3.5	24.6	3.7	10.8	10.6	9.1
总资产	100	100	100	100	100	100	100

注:住房资产涵盖了商铺和车库,下同。

表 3-8 分析了不同户主年龄段家庭的总资产结构。数据显示,户主年龄段不同的家庭在资产结构上呈现出相对稳定的分布特征。总体来看,非金融资产的占比保持在 85.7%~88.4%,波动较小。具体而言,户主年龄为 16~25 周岁的家庭,其金融资产占比为 14.3%,为各年龄段家庭中最高比例。户主年龄为 56 岁及以上的家庭,其住房资产占比为 76.8%,在各年龄段家庭中位居首位。

车辆配置呈现出明显的年龄梯度特征。具体来看,在户主年龄为 26~35 周岁的家庭中,车辆资产占比为 4.6%,显著高于其他年龄段家庭;而在户主年龄为 56 岁及以上的家庭中,车辆资产占比仅为 1.8%。

经营性资产的占比在户主年龄为 26~35 周岁的家庭中达到 6.6%,这显示出这部分家庭处于创业或经营企业的活跃期;而在户主年龄为 56 周岁及以上的家庭中,这一比例降至 2.6%。

表 3-8 不同户主年龄段家庭的总资产结构   单位:%

类别	16~25 周岁	26~35 周岁	36~45 周岁	46~55 周岁	56 周岁及以上
金融资产	14.3	11.6	11.9	11.8	12.0
非金融资产	85.7	88.4	88.1	88.2	88.0
——经营性资产	2.2	6.6	5.8	5.3	2.6
——住房资产	73.7	72.0	72.4	72.0	76.8
——车辆资产	3.0	4.6	3.8	3.5	1.8
——其他资产	6.8	5.2	6.1	7.4	6.8
总资产	100	100	100	100	100

表3-9分析了不同户主学历层次家庭的总资产结构。数据显示,我国家庭的资产配置呈现出显著的学历分层特征。

在户主学历为本科及以上的家庭中,金融资产占比为14.1%,约为户主没上过学的家庭的2.8倍,这表明高学历群体具有更强的金融市场参与能力。

此外,家庭的住房资产占比随户主学历的提升而持续增加。具体而言,在户主学历为本科及以上的家庭中,住房资产占比达78.3%,较户主没上过学的家庭高出9.5个百分点。

在户主没上过学的家庭中,其他资产(如耐用品等)占比为18.3%,约为户主学历在本科及以上家庭的8.3倍,而其金融资产占比仅为5.1%。

经营性资产占比在户主学历为本科以下家庭中处于3.5%~5.2%,显著高于户主学历为本科及以上家庭的2.6%,这反映出不同学历层次的户主在资产选择方面的巨大差异。

表3-9　不同户主学历层次家庭的总资产结构　　　　单位:%

类别	没上过学	小学	初中	高中、中专、职高	大专、高职	本科及以上
金融资产	5.1	7.9	10.6	12.0	13.7	14.1
非金融资产	94.9	92.1	89.4	88.0	86.3	85.9
——经营性资产	5.2	3.5	4.7	5.0	4.7	2.6
——住房资产	68.8	70.2	72.4	74.3	75.0	78.3
——车辆资产	2.6	2.9	2.7	2.6	3.3	2.8
——其他资产	18.3	15.5	9.6	6.1	3.3	2.2
总资产	100	100	100	100	100	100

4　家庭生产经营项目

4.1　农业生产经营项目

4.1.1　参与情况

表4-1分城乡、分区域展示了我国家庭参与农业生产经营的比例。从全国范围来看，30.2%的家庭参与了农业生产经营。

分城乡来看，农村家庭参与农业生产经营的比例达到67.4%，显著高于城镇家庭的8.5%。这表明农业生产经营主要集中在农村地区，而城镇家庭较少参与农业生产经营活动。

分区域来看，西部地区家庭参与农业生产经营的比例最高，为34.9%，中部地区家庭的参与比例与之接近；而东部地区家庭参与农业生产经营的比例为22.7%，低于全国平均水平。这可能与东部地区的工业和服务业在经济中的占比较高，而农业所占比重相对较低有关。

表4-1　分城乡、分区域的农业生产经营参与情况　　　　单位:%

区域	参与农业生产经营的家庭比例
全国	30.2
城镇	8.5
农村	67.4
东部	22.7
中部	34.1
西部	34.9
东北	27.1

4.1.2　家庭特征

图4-1按户主年龄分组展示了我国家庭的农业生产经营参与情况。由数据可知，在户主年龄为36~45岁、46~55岁和56~65岁的家庭中，参与农业生产经营的比例较高，分

别为 23.2%、33.9% 和 38.1%；而户主年龄在 66 岁及以上的家庭，其参与农业生产经营的比例为 27.4%。这表明中年劳动力和老年劳动力在农业生产经营中占据重要地位。户主年龄在 16~25 岁的家庭，其参与农业生产经营的比例最低，仅为 7.9%。这表明年轻劳动力倾向于选择非农就业方式。

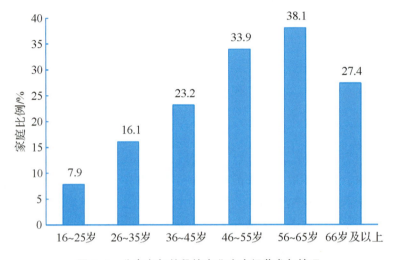

图 4-1　分户主年龄段的农业生产经营参与情况

图 4-2 按户主学历分组展示了我国家庭的农业生产经营参与情况。由数据可知，户主学历较低的家庭更倾向于参与农业生产经营活动，而随着户主学历的提高，家庭参与农业生产经营的比例呈现下降趋势。户主学历为小学的家庭，其参与农业生产经营的比例最高，达到 48.4%；而户主学历为初中、高中、大专及以上的家庭，参与农业生产经营的比例分别为 36.2%、18.7% 和 3.4%。

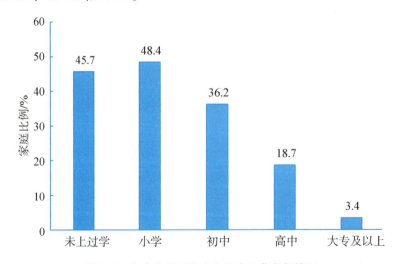

图 4-2　分户主学历的农业生产经营参与情况

表 4-2 按是否务农分组汇报了我国家庭的经济特征，包括总资产、净财富和总收入。由数据可知，非务农家庭在各项经济指标上都显著高于务农家庭。具体而言，在总资产方面，非务农家庭的均值为 144.7 万元，中位数为 61.5 万元，而务农家庭的相应金额分别为 52.4 万元和 26.8 万元；在净财富方面，非务农家庭的均值为 137.2 万元，中位数为 57.6 万元，而务农家庭的相应金额分别为 48.8 万元和 24.5 万元；在总收入方面，2020 年，非务农家庭的均值为 9.8 万元，中位数为 6.6 万元，而务农家庭的相应金额分别为 5.6 万元和 3.1 万元。非务农家庭在经济条件上普遍优于务农家庭，这可能与非务农家庭更多地从事高收入行业或拥有更多的资产积累有关。

表 4-2　分务农情况的家庭经济特征　　　　单位：万元

类别	总资产		净财富		总收入	
	均值	中位数	均值	中位数	均值	中位数
非务农家庭	144.7	61.5	137.2	57.6	9.8	6.6
务农家庭	52.4	26.8	48.8	24.5	5.6	3.1

4.1.3　经营类型

表 4-3 分城乡、分区域展示了我国务农家庭的农业生产经营类型。从全国范围来看，种植粮食作物的家庭比例最高，达到 84.4%。紧随其后的是种植经济作物的家庭，占比为 41.5%。种植和采运林木、饲养畜禽、从事水产养殖和捕捞、参与其他农业生产经营活动的家庭比例相对较低，分别为 4.1%、21.7%、2.2% 和 0.5%。

分城乡来看，农村地区种植粮食作物、种植和采运林木，以及饲养畜禽的家庭比例都高于城镇地区。具体而言，农村地区种植粮食作物的家庭比例为 86.5%，高于城镇地区的 74.9%；农村地区种植和采运林木的家庭比例为 4.3%，高于城镇地区的 3.0%；农村地区饲养畜禽的家庭比例为 23.6%，高于城镇地区的 13.2%。这表明农村地区在传统的农业生产经营活动方面更为集中，且农业生产经营活动在农村地区的经济活动中占据主导地位。城镇地区种植经济作物的家庭比例略高于农村地区，表明城镇家庭可能偏好于生产高附加值的经济作物。

分区域来看，东北地区、西部地区种植粮食作物的家庭比例较高，分别为 93.1%、88.4%，而东部地区、中部地区种植经济作物的家庭比例较高，分别为 44.2%、54.0%。这可能与不同区域在地理气候条件、经济发展水平方面存在差异有关。

表4-3　分城乡、分区域的农业生产经营类型　　　　　　　单位:%

区域	种植粮食作物	种植经济作物	种植和采运林木	饲养畜禽	从事水产养殖和捕捞	其他
全国	84.4	41.5	4.1	21.7	2.2	0.5
城镇	74.9	41.7	3.0	13.2	2.2	0.3
农村	86.5	41.4	4.3	23.6	2.2	0.6
东部	76.2	44.2	4.6	8.5	1.7	0.9
中部	81.9	54.0	4.9	22.6	4.9	0.9
西部	88.4	38.2	3.6	29.6	1.2	0.2
东北	93.1	16.1	2.8	14.8	0.8	0.0

注：农业生产经营类型在CHFS问卷中是多选题，故数据加总后可能大于100%。

4.1.4　生产经营投入

（1）劳动力投入

表4-4分城乡、分区域汇报了家庭成员的农业生产经营参与情况。从全国范围来看，平均每个家庭有1.7人务农。

分城乡来看，在农村地区，户均务农人数略高于全国平均水平，为1.8人；而在城镇地区，户均务农人数略低于全国平均水平，为1.6人。从人均参与时间来看，全国平均水平为每年5.8个月。城镇家庭与全国总体情况一致；农村家庭略高，为每年5.9个月。数据显示，农村家庭在户均务农人数、人均参与时间上略高于城镇家庭，这表明农村居民对农业生产经营的投入程度相对较高。

分区域来看，东北地区家庭在农业生产经营方面的人均参与时间明显低于其他地区家庭，仅为每年4.1个月。这可能与东北地区的自然条件和农业生产特点有关。东北地区地势平坦、耕地集中连片，适合大规模机械化种植。此外，东北地区农作物主要是一年一熟，农忙时间集中在春播和秋收两个阶段。这种大规模机械化种植和相对集中的农忙时间，使得当地农民参与农业生产经营的整体时间较短，而在农忙时节的劳动时间相对较长。从人均参与时间来看，全国为每月17.1天。农村家庭最高，为每月17.5天；城镇家庭为每月15.2天。不同区域家庭之间也存在一定差异，其中东北地区家庭最高，为每月19.7天；东部家庭最低，为每月15.9天。

表 4-4　分城乡、分区域的农业生产经营参与情况

区域	户均务农人数	人均参与时间/（月·年）	人均参与时间/（天·月）
全国	1.7	5.8	17.1
城镇	1.6	5.8	15.2
农村	1.8	5.9	17.5
东部	1.7	6.0	15.9
中部	1.7	5.9	18.8
西部	1.8	6.0	16.3
东北	1.8	4.1	19.7

表 4-5 分城乡、分区域展示了我国家庭的农业生产经营雇工成本。从全国范围看，14.3% 的农业生产经营家庭存在雇工行为。2020 年，家庭雇工费用均值为 9 380 元，中位数为 2 000 元。

分城乡来看，城镇地区的雇工家庭比例和家庭雇工费用均高于农村地区，这反映出城镇家庭的农业生产经营对雇工的依赖程度更高。

分区域来看，东北地区表现出显著的特殊性：雇工家庭比例高达 19.6%，较全国平均水平高出 5.3 个百分点，这表明该地区是农业用工需求最活跃的区域。然而，东北地区的家庭雇工费用均值为 7 748 元，低于全国平均水平；家庭雇工费用中位数为 2 300 元，在各区域中位居首位。这种现象可能与该地区农业生产经营规模较大、农业产业化程度较高、实际工作时间较短密切相关。东北地区是我国重要的商品粮生产基地，农忙季节的集中作业导致雇工需求量大幅增加。东部地区作为经济发达区域，其家庭雇工费用均值达到 11 487 元，显著高于其他地区。这一现象可能与东部地区农业现代化程度较高、高附加值农业在经济中所占比重较大有关。这类农业对劳动力技能要求较高，且劳动密集度大于传统的粮食种植，导致用工需求在质量与数量方面同步提升，从而推高了家庭雇工成本。中部地区的家庭雇工费用均值和中位数均为最低。这可能与中部地区农业生产经营集中于种植小麦、水稻、玉米等粮食作物有关。这些作物具有机械化替代率高、利润率低的特点。此外，中部地区的户均耕地规模相对较小，多数家庭以小农户自给自足的生产方式为主，通常仅在农忙时期雇用少量工人，亲朋好友、邻里乡亲互相帮工的现象也较为常见。

表 4-5　分城乡、分区域的农业生产经营雇工成本

区域	雇工家庭比例/%	家庭雇工费用均值/元	家庭雇工费用中位数/元
全国	14.3	9 380	2 000
城镇	15.2	9 707	1 503

表4-5(续)

区域	雇工家庭比例/%	家庭雇工费用均值/元	家庭雇工费用中位数/元
农村	14.1	9 304	2 000
东部	14.6	11 487	2 000
中部	14.1	6 001	1 500
西部	13.3	10 587	2 000
东北	19.6	7 748	2 300

注：雇工费用汇报的是条件值，仅针对有雇工的家庭计算雇工费用均值和雇工费用中位数。

（2）农资品支出

表4-6分城乡、分区域展示了我国务农家庭的农资品支出情况。从全国范围来看，从事农业生产经营的家庭购买农资品的平均花费为9 370元，中位数为2 600元。

分城乡来看，农村家庭的农资品支出均值为9 992元，中位数为3 000元；而城镇家庭的相应金额分别为6 511元和2 000元。数据表明，农村家庭在农资品上的投入相对较高，这可能与农村地区农业生产经营的规模相对较大、类型多样及对农资品的需求较为旺盛有关。

分区域来看，东北地区家庭在购买农资品方面的平均花费最高，达到15 624元，中位数为6 000元，两者均显著高于其他地区家庭的相应金额。这可能是因为东北地区以大规模机械化种植为主，对农资品的总体需求量较大。东部地区家庭和西部地区家庭的农资品支出均值都高于中部地区家庭，这可能是各区域的作物种植类型和经营规模存在差异所致。

表4-6　分城乡、分区域的农资品支出　　　　　　　　　单位：元

区域	均值	中位数
全国	9 370	2 600
城镇	6 511	2 000
农村	9 992	3 000
东部	9 584	2 167
中部	7 462	2 400
西部	9 067	2 500
东北	15 624	6 000

图4-3展示了我国从事农业生产家庭的农资品购买渠道。可以看出，选择从市场购买的家庭占比最高，达到87.0%；选择下乡推销、线上采购的家庭比例相对较低，分别为

9.1%和8.4%；选择从其他渠道购买的家庭占比最低，仅为2.0%。农资品购买主要依赖于传统市场，这可能与农业生产者对市场的熟悉程度、信任度均较高有关。尽管选择下乡推销、线上采购等补充渠道的家庭占比不高，但这仍反映出农资品采购方式的多样化。

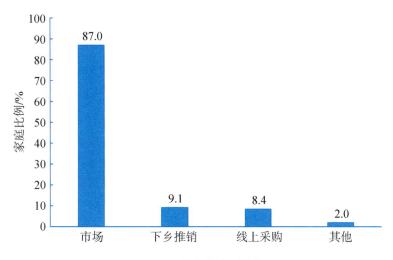

图4-3 农资品购买渠道

注：农资品购买渠道在 CHFS 问卷中是多选题，故数据加总后大于 100%。

（3）农业生产工具

表4-7分城乡、分区域展示了我国家庭的农业生产工具使用情况。从全国范围来看，使用农机家庭的农机使用费均值为 1 704 元，中位数为 800 元；购买农机家庭的自有农业机械价值均值为 12 704 元，中位数为 3 500 元。

分城乡来看，农村家庭的农机使用费均值为 1 791 元，中位数为 880 元，两者均高于城镇家庭的相应费用。然而，城镇家庭的自有农业机械价值均值为 13 738 元，比农村家庭的 12 530 元略高。这表明农村家庭的农业生产经营可能更加依赖农机租赁服务。对农村地区的中小规模农户而言，购买昂贵的农业机械可能需要大量资金，这无疑是一笔巨大的开支。相比之下，农机租赁服务不仅能够有效缓解农户的资金压力，还能根据农户的实际需求灵活提供设备，帮助他们节省成本并提高生产效率。因此，农村地区的许多小农户更倾向于选择租赁农机，而非直接购买。

分区域来看，东北地区家庭的农机使用费均值最高，达到 2 402 元，中位数为 1 100 元；自有农业机械价值均值也最高，为 24 679 元，中位数为 8 000 元。东北地区地势平坦，土地面积较大，农业产业化程度较高，这些因素共同导致了东北地区对高效大型农业机械的高需求和高投入。西部地区家庭的农机使用费均值为 1 610 元，自有农业机械价值均值最低，为 9 451 元。这可能是因为西部地区多为高原和山地，地形复杂，不适合大规模机械化作业。此外，西部地区经济发展水平相对较低，农户投资农业机械的能力有限。

表4-7　分城乡、分区域的农业生产工具使用情况　　　　　单位：元

区域	农机使用费		自有农业机械价值	
	均值	中位数	均值	中位数
全国	1 704	800	12 704	3 500
城镇	1 281	700	13 738	2 800
农村	1 791	880	12 530	3 879
东部	1 754	800	13 010	3 000
中部	1 569	700	13 036	3 300
西部	1 610	800	9 451	3 000
东北	2 402	1 100	24 679	8 000

4.1.5　农业土地使用

表4-8分城乡、分区域展示了我国家庭的耕地承包情况。从全国范围来看，承包耕地的家庭比例为43.8%，单户耕地承包面积的均值为8.2亩[①]，中位数为4.5亩。

分城乡来看，农村地区承包耕地的家庭比例为84.5%，显著高于城镇地区的20.1%，这表明常住农村的家庭普遍参与了耕地承包。

分区域来看，西部地区承包耕地的家庭比例最高，达到49.7%；东北地区的这一数值最低，为35.0%。然而，在单户耕地承包面积方面，东北地区表现突出，其均值为15.0亩，中位数为10.0亩，都显著高于其他地区。这可能与东北地区土地资源丰富、农业规模化经营较为普遍有关。相比之下，东部地区单户耕地承包面积的均值和中位数均为最低，分别为4.5亩和3.0亩。这可能与其城镇化水平较高、农业用地有限及非农就业机会较多有关。

表4-8　分城乡、分区域的耕地承包情况

区域	耕地承包家庭比例/%	单户耕地承包面积/亩	
		均值	中位数
全国	43.8	8.2	4.5
城镇	20.1	7.9	3.0
农村	84.5	8.3	5.0
东部	37.6	4.5	3.0

① 1亩≈666.67平方米，下同。

表4-8(续)

区域	耕地承包家庭比例/%	单户耕地承包面积/亩	
		均值	中位数
中部	46.2	6.3	4.0
西部	49.7	10.2	5.0
东北	35.0	15.0	10.0

表4-9分城乡、分区域展示了我国家庭的耕地流转情况。耕地流转是指在不改变农村耕地集体所有制性质、农业用途和承包关系的前提下,农村土地承包方通过合法方式将耕地经营权转移给其他经营主体的行为。其核心在于盘活土地资源,促进适度规模经营,实现农业增效与农民增收的有机统一。本书根据样本家庭在耕地流转行为中的角色,将耕地流转分为耕地转出和耕地转入两种类型。其中,耕地转出的询问对象是承包耕地的家庭,而耕地转入的询问对象是有承包地或从事农业生产经营的家庭。

从全国范围来看,耕地转出家庭占比为20.0%,单户耕地转出面积的均值为5.7亩,中位数为3.0亩;耕地转入家庭占比为8.5%,单户耕地转入面积的均值为14.5亩,中位数为5.0亩。

分城乡来看,在农村地区,耕地转出家庭占比为18.4%,而耕地转入家庭占比为10.1%。在城镇地区,转出耕地和转入耕地的家庭比例分别为23.9%和4.5%。这表明常住城镇的家庭,其生活重心更多地转向城市生活,因此在耕地处置上更倾向于做出转出的决定。

进一步地,从耕地流转面积角度进行分析,从全国范围来看,户均转入耕地面积是户均转出耕地面积的2.5倍。这一现象表明,耕地的规模化经营趋势十分明显。

分区域来看,东北地区在单户耕地转出面积的均值和中位数,以及单户耕地转入面积的均值和中位数方面,都显著高于其他地区。这可能与东北地区土地资源丰富、土地规模较大有关。在该地区,大型农场、农业企业较为常见,适合开展规模化农业生产,因此土地流转的面积也相对较大。

表4-9　分城乡、分区域的耕地流转情况

区域	耕地转出			耕地转入		
	家庭比例/%	均值/亩	中位数/亩	家庭比例/%	均值/亩	中位数/亩
全国	20.0	5.7	3.0	8.5	14.5	5.0
城镇	23.9	5.1	3.0	4.5	10.0	3.0
农村	18.4	5.9	3.0	10.1	15.3	6.0

表4-9(续)

区域	耕地转出			耕地转入		
	家庭比例/%	均值/亩	中位数/亩	家庭比例/%	均值/亩	中位数/亩
东部	23.2	3.1	2.5	6.6	10.3	3.5
中部	17.6	4.7	3.0	7.8	11.8	5.0
西部	19.2	6.8	4.0	9.4	12.9	5.0
东北	20.4	11.9	10.0	11.8	34.5	20.0

　　图4-4分流转情况展示了我国家庭的耕地转出对象与耕地转入来源。由数据可知，有53.7%的家庭将本村普通农户作为耕地转出的主要对象，高达90.3%的家庭将本村普通农户作为耕地转入的主要来源。这表明土地流转活动主要集中在本村普通农户之间，反映出农村地区的土地流转具有明显的本地化和社区化特征。相比之下，将专业大户、村集体、公司或企业、非本村普通农户作为耕地转出对象的家庭比例较低，分别为17.1%、8.6%、8.5%和6.3%。

　　从耕地转入来源来看，主要集中在本村普通农户、非本村普通农户和村集体，三者占比之和为99.6%。尽管存在多样化的转出对象和转入来源，但本村普通农户仍是土地流转活动中的主要参与者和受益者。

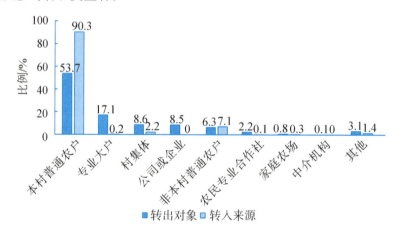

图4-4　耕地转出对象与耕地转入来源

注：耕地转出对象和耕地转入来源在 CHFS 问卷中均为多选题，故数据加总后大于100%。

　　图4-5分流转情况展示了我国家庭的土地流转合约形式。由数据可知，在耕地转出和转入的过程中，合约达成方式以口头约定为主，其次是签订书面合同并在相关部门登记。具体来看，分别有39.1%和53.7%的家庭通过口头约定的方式转出和转入耕地，分别有27.9%和8.9%的家庭通过签订书面合同并在相关部门登记的方式转出和转入耕地。部分家庭虽然签订

了书面合同，但没有在相关部门登记，这可能与其对法律程序了解不足或登记流程便捷性不足有关。尽管有口头约定、没有任何形式的合同或约定在土地流转中仍占一定比例，但随着人们法律意识的增强和相关规定的完善，签订书面合同已逐渐成为主流形式。

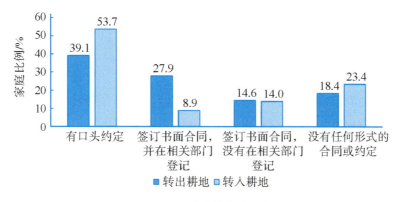

图4-5 土地流转合约形式

表4-10分城乡、分区域展示了我国家庭的土地流转期限。从全国范围来看，耕地转出期限的均值为9.0年，中位数为5.0年；耕地转入期限的均值为8.2年，中位数为5.0年。

分城乡来看，城镇地区耕地转出期限和转入期限的均值分别为9.8年和11.2年，中位数分别为6.0年和8.0年；而农村地区耕地转出期限和转入期限的均值分别为8.8年和7.5年，中位数分别为5.0年和3.0年。这表明农村地区的土地流转更加频繁。

分区域来看，中部地区耕地转出期限和转入期限的均值最高，分别为11.5年和10.3年，中位数分别为8.0年和5.0年；东北地区耕地转出期限和转入期限的均值最低，分别为5.3年和4.2年，中位数分别为3.0年和1.0年。

表4-10 分城乡、分区域的耕地流转期限　　　　　　　　　单位：年

区域	转出期限		转入期限	
	均值	中位数	均值	中位数
全国	9.0	5.0	8.2	5.0
城镇	9.8	6.0	11.2	8.0
农村	8.8	5.0	7.5	3.0
东部	9.0	5.0	8.9	5.0
中部	11.5	8.0	10.3	5.0
西部	9.4	7.0	9.5	5.0
东北	5.3	3.0	4.2	1.0

表 4-11 分城乡、分区域展示了我国家庭的土地流转租金情况。从全国范围来看，转出耕地的租金均值为 817 元/亩，中位数为 533 元/亩；转入耕地的租金均值为 570 元/亩，中位数为 300 元/亩。

分城乡来看，城镇地区转出耕地和转入耕地的租金均值分别为 880 元/亩和 776 元/亩，中位数分别为 571 元/亩和 333 元/亩；而农村地区转出耕地和转入耕地的租金均值分别为 787 元/亩和 532 元/亩，中位数分别为 508 元/亩和 300 元/亩。数据表明，城镇地区的耕地流转费用整体高于农村地区。

分区域来看，东部地区转出耕地和转入耕地的租金均值最高，分别为 1 020 元/亩和 757 元/亩，中位数分别为 800 元/亩和 375 元/亩。中部地区转出耕地的租金均值和中位数均最低，而西部地区转入耕地的租金均值和中位数均最低。这种差异可能与各地区的经济发展水平、土地资源供需关系及农业政策支持力度有关。东部地区经济发达，土地资源需求旺盛，租金较高；而中部地区和西部地区土地资源相对丰富，且这些地区受到地理位置、发展程度等因素的影响，租金较低。

表 4-11　分城乡、分区域的土地流转租金情况　　　　单位：元/亩

区域	转出耕地		转入耕地	
	均值	中位数	均值	中位数
全国	817	533	570	300
城镇	880	571	776	333
农村	787	508	532	300
东部	1 020	800	757	375
中部	593	300	532	300
西部	698	500	444	200
东北	1 003	563	674	600

4.1.6　农业生产经营毛收入

表 4-12 分城乡、分区域展示了我国家庭的农业生产经营毛收入情况。从全国范围来看，家庭在农业生产经营毛收入方面的均值为 32 893 元，中位数为 10 000 元。

分城乡来看，在农村家庭中，农业生产经营毛收入的均值为 34 558 元，中位数为 10 000元；而在城镇家庭中，农业生产经营毛收入的均值为 25 233 元，中位数为 7 300 元。以上数据表明，农村家庭在农业生产经营方面的收入水平相对较高，这可能与农村地区农业生产经营的规模较大、集中程度较高有关。

分区域来看，东北地区家庭的农业生产经营毛收入的均值最高，达到 66 600 元，中位

数为 27 500 元，显著高于其他地区家庭的相应金额。这可能与东北地区的规模化、高效经营有关。

表 4-12　分城乡、分区域的农业生产经营毛收入情况　　　　单位：元

区域	均值	中位数
全国	32 893	10 000
城镇	25 233	7 300
农村	34 558	10 000
东部	27 758	8 760
中部	22 177	8 000
西部	34 754	9 800
东北	66 600	27 500

4.2　工商业生产经营项目

4.2.1　参与情况

表 4-13 分城乡、分区域展示了我国家庭参与工商业生产经营的情况。从全国范围来看，参与工商业生产经营的家庭比例为 9.2%。

分城乡来看，城镇家庭中参与工商业生产经营的比例为 10.5%，高于农村家庭的 7.1%。数据表明，城镇家庭对工商业生产经营活动的参与度更高，这可能与城镇地区的经济多样性和市场机会较多有关。

分区域来看，东部地区家庭参与工商业生产经营的比例最高，为 10.0%；其次是西部地区家庭，为 9.4%；再次是中部地区家庭，为 9.0%。东北地区家庭参与工商业生产经营的比例最低，为 6.5%。具体原因分析如下：东部地区经济发达，城市化水平较高，工商业发展成熟，这使得该地区的家庭有更多机会参与工商业生产经营；西部地区近年来在国家政策支持下迅速发展，基础设施日趋完善，市场潜力不断释放，如成渝地区双城经济圈建设加快、新时代推进西部大开发形成新格局等举措为家庭参与工商业提供了较多机会。

表 4-13　分城乡、分区域的工商业生产经营参与比例　　　单位:%

区域	家庭参与工商业生产经营的比例
全国	9.2
城镇	10.5
农村	7.1
东部	10.0
中部	9.0
西部	9.4
东北	6.5

　　图 4-6 展示了我国家庭参与工商业生产经营的动因。可以看出，最主要的原因是"更灵活、自由"，具体有 30.6% 的家庭将其作为参与工商业生产经营的原因。这表明许多家庭选择参与工商业生产经营是为了追求最大限度的工作灵活性和自由度。"挣得更多"也是重要原因，具体有 24.5% 的家庭将其作为参与工商业生产经营的原因。将"没有其他工作机会"及"理想、爱好"作为参与工商业生产经营原因的家庭分别占 23.3% 和 14.7%，这表明部分家庭参与工商业生产经营是出于缓解经济压力和就业的考虑，也反映出部分家庭出于实现个人理想和创业愿望的考虑而参与工商业生产经营活动。将"继承家业"作为参与工商业生产经营原因的家庭占比最低，仅有 2.9%。

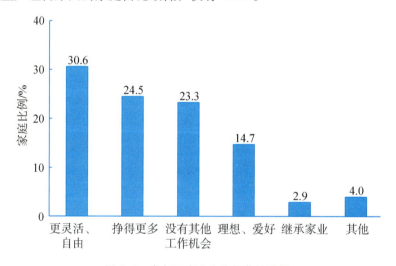

图 4-6　参与工商业生产经营的动因

4.2.2 家庭特征

图 4-7 按户主年龄分组展示了我国家庭参与工商业生产经营的情况。可以看出，户主年龄在 26~35 岁的家庭，参与工商业生产经营的比例最高，为 15.9%。数据表明，年轻户主更倾向于参与工商业生产经营活动，这可能源于他们的创业精神及对新机会的较强敏感性。随着户主年龄的增长，参与工商业生产经营的家庭比例逐渐下降。在户主年龄为 46~55 岁和 56~65 岁的家庭中，参与工商业生产经营的比例分别为 13.5% 和 7.3%；而在户主年龄为 66 岁及以上的家庭中，参与工商业生产经营的比例进一步降低至 3.1%。这表明随着户主年龄的增加，家庭参与工商业生产经营的意愿和能力逐渐减弱。

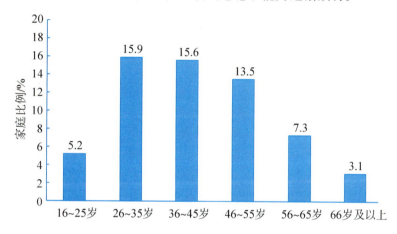

图 4-7　分户主年龄段的工商业生产经营参与情况

图 4-8 按户主学历分组展示了我国家庭参与工商业生产经营的情况。可以看出，对于户主学历在高中及以下的家庭，其参与工商业生产经营的比例随着户主学历的提升而呈现出上升趋势。具体而言，户主未上过学的家庭参与工商业生产经营的比例最低，为 3.2%；而户主学历为小学的家庭，参与工商业生产经营的比例为 6.0%；户主学历为初中、高中的家庭，参与工商业生产经营的比例分别为 10.6%、12.9%。上述结果表明，户主学历为初中、高中的家庭更倾向于参与工商业生产经营活动，这可能是因为，相较于更低学历者，这部分户主具备较多的相关知识和技能。然而，户主学历为大专及以上的家庭参与工商业生产经营的比例低于户主学历为高中的家庭，这可能是因为高学历户主更倾向于选择其他收入高、稳定性强的职业。

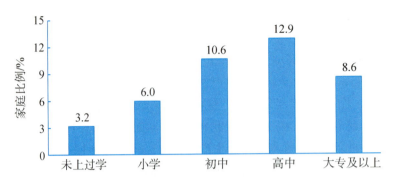

图4-8　分户主学历的工商业生产经营参与情况

表4-14分工商业生产经营参与情况展示了我国家庭的经济特征。从全国范围来看，从事工商业生产经营的家庭，其总资产、净资产和总收入都显著高于未从事工商业生产经营的家庭。

具体而言，在总资产方面，工商业生产经营家庭的均值为201万元，中位数为94万元；而非工商业生产经营家庭的相应数值分别为108万元和42万元。在净资产方面，工商业生产经营家庭的均值为182万元，中位数为85万元；而非工商业生产经营家庭的均值为103万元，中位数为39万元。在总收入方面，工商业生产经营家庭的均值为11万元，中位数为6万元；而非工商业生产经营家庭的均值为8万元，中位数为5万元。数据表明，从事工商业生产经营的家庭在经济条件上普遍优于未从事工商业生产经营的家庭，这可能与工商业生产经营家庭拥有更加多元化的收入来源和更为可观的资产积累有关。

分城乡来看，城镇地区工商业生产经营家庭的总资产、净资产和总收入都高于农村地区工商业生产经营家庭。在总资产方面，城镇地区工商业生产经营家庭的均值为229万元，中位数为105万元；而农村地区工商业生产经营家庭的相应数值分别为131万元和74万元。数据显示，城镇地区从事工商业生产经营的家庭，其经济条件优于农村地区从事工商业生产经营的家庭，这可能与城镇地区的产业更加多样化、现代化，且高新技术产业与服务业相对集中有关。

表4-14　工商业生产经营与家庭经济特征　　　　　　　单位：万元

类别	总资产		净资产		总收入	
	均值	中位数	均值	中位数	均值	中位数
工商业生产经营家庭	201	94	182	85	11	6
非工商业生产经营家庭	108	42	103	39	8	5
城镇工商业生产经营家庭	229	105	207	93	11	7
农村工商业生产经营家庭	131	74	119	69	10	5

4.2.3 经营特征

（1）经营年限

表4-15展示了我国家庭的工商业生产经营年限分布情况。可以看出，超过60%的家庭从事工商业生产经营的时间较短，经营年限在10年及以下。数据表明，经营年限在5年及以下的家庭比例最高。这反映出近年来，新参与工商业生产经营的家庭数量较多。工商业生产经营年限在11~20年的家庭比例为22.0%，21~30年的家庭比例为13.0%，而31年及以上的家庭比例最低，为4.7%。随着经营年限的延长，从事工商业生产经营的家庭比例呈现出波动性下降的趋势，这反映出长期且持续开展工商业生产经营活动的家庭数量相对较少。

表4-15　工商业生产经营年限分布　　　　　　　　　单位:%

经营年限	家庭比例
5年及以下	42.1
6~10年	18.2
11~15年	13.4
16~20年	8.6
21~25年	9.0
26~30年	4.0
31年及以上	4.7

（2）组织形式

表4-16分城乡展示了我国家庭的工商业生产经营组织形式。从全国范围来看，个体工商户是最主要的工商业生产经营组织形式。在工商业生产经营家庭中，有77.3%选择以个体工商户的形式开展工商业生产经营活动，这可能与该形式灵活性较强、准入门槛较低有关。相比之下，以股份有限公司、独资企业的形式开展工商业生产经营的占比较低，分别为1.5%和1.2%；以合伙企业、有限责任公司的形式开展工商业生产经营的占比分别为4.4%和2.8%。此外，没有营业执照的家庭占比为12.8%，这一现象反映出部分家庭在工商业生产经营中可能存在不规范的情况。

分城乡来看，城镇地区以个体工商户的形式开展工商业生产经营的家庭占比为78.0%，略高于农村地区的75.2%。城镇地区以股份有限公司、有限责任公司的形式开展工商业生产经营的家庭占比分别为1.5%和3.3%，相应地高于农村地区的1.3%和1.6%。农村地区没有营业执照的家庭占比为15.5%，高于城镇地区的11.9%。

表4-16　分城乡的工商业生产经营组织形式　　　　　　　　单位:%

区域	个体工商户	合伙企业	有限责任公司	股份有限公司	独资企业	没有营业执照
城镇	78.0	4.3	3.3	1.5	1.0	11.9
农村	75.2	4.6	1.6	1.3	1.8	15.5
全国	77.3	4.4	2.8	1.5	1.2	12.8

（3）行业分布

表4-17分城乡展示了我国家庭的工商业生产经营行业分布情况。从全国范围来看，批发和零售业是最主要的行业，从事该行业的家庭占比为46.9%；其次是住宿和餐饮业，从事该行业的家庭占比为14.4%；再次是居民服务和其他服务业，从事该行业的家庭占比为11.6%。这表明大多数家庭的工商业生产经营活动集中在传统的行业领域。

分城乡来看，城镇地区从事批发和零售业的家庭占比为46.0%，略低于农村地区的49.4%。城镇地区从事住宿和餐饮业、居民服务和其他服务业的家庭占比分别为15.3%和12.6%，相应地高于农村地区的12.2%和9.3%，这表明城镇家庭在服务业领域的活跃度更高。

表4-17　分城乡的工商业生产经营行业分布　　　　　　　　单位:%

行业	全国	城镇	农村
批发和零售业	46.9	46.0	49.4
住宿和餐饮业	14.4	15.3	12.2
居民服务和其他服务业	11.6	12.6	9.3
制造业	5.0	3.9	7.6
交通运输、仓储及邮政业	4.3	4.2	4.6
农、林、牧、渔业	3.8	3.2	5.3
建筑业	3.4	3.9	2.0
卫生、社会保障和福利业	2.1	1.4	4.0
租赁和商务服务业	1.9	2.1	1.5
文化、体育和娱乐业	1.5	1.9	0.6

注：此表只列举了家庭占比位居前十的行业。

4.2.4　劳动力投入

表4-18分城乡、分区域展示了家庭成员参与工商业生产经营的情况。从全国范围来看，工商业生产经营户均参与人数为1.3人。

分城乡来看，城镇家庭的户均参与人数为 1.3 人，而农村家庭的户均参与人数为 1.4 人。总体而言，城乡之间的差异并不显著。

分区域来看，工商业生产经营户均参与人数的差异也不大。从户均参与时间来看，对中部地区家庭和西部地区家庭而言，平均每年的参与时间分别为 9.5 个月和 9.9 个月，略低于其他地区家庭。从每月的参与天数来看，城乡之间、区域之间均无明显差异。

表 4-18　分城乡、分区域的工商业生产经营家庭成员参与情况

区域	户均参与人数	户均参与时间/（月·年）	户均参与时间/（天·月）
全国	1.3	10.1	26.7
城镇	1.3	10.1	26.8
农村	1.4	10.1	26.5
东部	1.3	10.5	26.9
中部	1.3	9.5	26.5
西部	1.4	9.9	26.6
东北	1.2	10.2	26.8

表 4-19 分城乡、分区域展示了工商业生产经营家庭的雇工情况。从全国范围来看，在从事工商业生产经营的家庭中，有雇工的比例为 21.5%。单户雇工人数的均值为 11.5 人，中位数为 4.0 人。

分城乡来看，城镇地区有雇工的家庭比例为 23.6%，比农村地区高 7.2 个百分点。然而，农村地区单户雇工人数的均值为 12.7 人，中位数为 6.0 人，分别高于城镇地区的 11.1 人和 4.0 人。这表明，尽管城镇家庭中有雇工的比例较高，但农村家庭在雇工人数上更多。

分区域来看，西部地区有雇工的家庭比例最高，为 23.0%，单户雇工人数的均值为 13.9 人，中位数为 4.0 人；东北地区有雇工的家庭比例最低，为 14.5%，单户雇工人数的均值为 9.5 人，中位数为 3.0 人。

表 4-19　分城乡、分区域的工商业生产经营家庭雇工情况

区域	雇工家庭比例/%	家庭雇工人数	
		均值	中位数
全国	21.5	11.5	4.0
城镇	23.6	11.1	4.0
农村	16.4	12.7	6.0
东部	21.0	10.0	4.0

表4-19(续)

区域	雇工家庭比例/%	家庭雇工人数	
		均值	中位数
中部	21.9	9.4	2.0
西部	23.0	13.9	4.0
东北	14.5	9.5	3.0

　　表4-20展示了从事工商业生产经营的家庭的雇工人数情况。数据显示，在大多数家庭中，雇工人数较少，其中雇工人数在5人及以下的家庭比例最高，达到90.5%。这表明大部分工商业生产经营家庭的规模较小，因此雇工人数有限。雇工人数在6~10人的家庭比例为4.5%，11~20人的家庭比例为2.6%。雇工人数在21~50人的家庭比例和50人以上的家庭比例分别为1.4%和1.0%。随着雇工人数的增加，从事工商业生产经营的家庭比例逐渐下降，这反映出通过大规模雇工来开展工商业生产经营活动的家庭数量相对较少。

表4-20　工商业生产经营家庭雇工人数情况　　　　　单位:%

雇工人数	家庭比例
5人及以下	90.5
6~10人	4.5
11~20人	2.6
21~50人	1.4
50人以上	1.0

4.2.5　经营规模

　　表4-21分城乡、分区域展示了我国家庭的工商业生产经营规模。从全国范围来看，工商业初始投资额均值为19.7万元，中位数为5.0万元；工商业资产均值为50.2万元，中位数为7.0万元。这表明随工商业经营活动的开展，工商业资产在不断积累。

　　分城乡来看，城镇家庭的工商业初始投资额均值、工商业资产均值分别为22.6万元和56.1万元，相应地高于农村家庭的12.6万元和35.8万元。城镇家庭的工商业初始投资额、工商业资产中位数分别为5.0万元和8.0万元，同样高于农村家庭。这说明城镇家庭的工商业生产经营规模普遍大于农村家庭，且城镇家庭的工商业资产积累更为丰厚。

　　分区域来看，东部地区家庭和西部地区家庭的工商业生产经营规模明显大于其他地区家庭。其中，东部地区家庭的工商业初始投资额均值和工商业资产均值分别为24.4万元和62.0万元；西部地区家庭的工商业初始投资额均值和工商业资产均值分别为21.1万元和 56.1 万元，略低于东部地区家庭。在各区域中，东北地区家庭的工商业初始投资额均值和工商业资产均值均为最低。

表 4-21　分城乡、分区域的工商业生产经营规模　　　　单位：万元

区域	工商业初始投资额		工商业资产	
	均值	中位数	均值	中位数
全国	19.7	5.0	50.2	7.0
城镇	22.6	5.0	56.1	8.0
农村	12.6	3.4	35.8	5.0
东部	24.4	5.0	62.0	6.0
中部	12.2	3.3	31.3	6.0
西部	21.1	5.0	56.1	8.0
东北	11.3	3.4	17.9	6.0

4.2.6　经营效益

表 4-22 分城乡、分区域展示了我国家庭的工商业生产经营毛收入情况。从全国范围来看，工商业生产经营毛收入均值为 32.2 万元，中位数为 5.5 万元。这表明我国家庭在工商业生产经营毛收入水平上存在较大差异。此外，中位数远低于均值，反映出大部分家庭的工商业生产经营毛收入较低。

分城乡来看，城镇家庭的工商业生产经营毛收入均值为 36.6 万元，中位数为 6.0 万元，分别高于农村家庭的 21.1 万元和 4.0 万元。这说明城镇家庭的工商业生产经营毛收入水平普遍高于农村家庭。

分区域来看，东部地区家庭的工商业生产经营毛收入均值为 47.8 万元，中位数为 7.0 万元，均明显高于中部地区、西部地区和东北地区家庭的相应金额。东北地区家庭的工商业生产经营毛收入均值为 18.8 万元，中位数为 4.0 万元，在各区域中最低。中部地区家庭在工商业生产经营毛收入均值和中位数方面略高于东北地区家庭。

表 4-22　分城乡、分区域的工商业生产经营毛收入　　　　单位：万元

区域	均值	中位数
全国	32.2	5.5
城镇	36.6	6.0
农村	21.1	4.0

表4-22(续)

区域	均值	中位数
东部	47.8	7.0
中部	19.0	4.9
西部	28.2	5.5
东北	18.8	4.0

表4-23分城乡、分区域展示了我国家庭的工商业生产经营盈亏情况。从全国范围来看，盈利家庭占比为55.7%，亏损家庭占比为14.2%，持平家庭占比为30.1%。这表明我国大部分家庭的工商业生产经营处于盈利状态，但仍有接近一半的家庭未能实现盈利。

分城乡来看，城镇地区的盈利家庭占比为54.7%，亏损家庭占比为15.0%，持平家庭占比为30.3%；农村地区的盈利家庭占比为58.5%，亏损家庭占比为11.9%，持平家庭占比为29.6%。农村地区的盈利家庭占比略高于城镇地区，而亏损家庭的占比略低于城镇地区。

分区域来看，在盈利家庭中，东部地区的家庭占比最高，为60.9%；在亏损家庭中，东北地区的家庭占比最高，为17.4%；在持平家庭中，西部地区的家庭占比最高，为35.0%。

表4-23　分城乡、分区域的工商业生产经营盈亏情况　　　　单位:%

区域	盈利	亏损	持平
全国	55.7	14.2	30.1
城镇	54.7	15.0	30.3
农村	58.5	11.9	29.6
东部	60.9	13.2	25.9
中部	55.4	15.2	29.4
西部	51.2	13.8	35.0
东北	57.2	17.4	25.4

表4-24分城乡、分区域展示了我国家庭的工商业生产经营净利润。从全国范围来看，家庭的工商业生产经营净利润均值为4.9万元，中位数为1.1万元。这表明我国家庭在工商业生产经营净利润方面存在较大差异。此外，中位数远低于均值，反映出大部分家庭的工商业生产经营净利润较低。

分城乡来看，城镇家庭的工商业生产经营净利润均值为5.5万元，中位数为1.4万元，分别高于农村家庭的3.6万元和1.0万元。这说明城镇家庭的工商业生产经营净利润普遍高于农村家庭。

分区域来看，东部地区家庭的工商业生产经营净利润均值为 6.9 万元，中位数为 1.7
万元，均明显高于中部地区、西部地区和东北地区家庭的相应金额。中部地区家庭的工商
业生产经营净利润均值为 3.4 万元，中位数为 0.9 万元，均为各区域中最低。

表 4-24　分城乡、分区域的工商业生产经营净利润　　　　单位：万元

区域	均值	中位数
全国	4.9	1.1
城镇	5.5	1.4
农村	3.6	1.0
东部	6.9	1.7
中部	3.4	0.9
西部	4.2	1.0
东北	4.4	1.3

4.2.7　盈利能力影响因素

表 4-25 按户主年龄分组展示了我国家庭的工商业生产经营净利润。户主年龄在 26~35
岁的家庭，其工商业生产经营净利润最高，达到 7.7 万元。这可能与该年龄段户主具有较强
的创业活力和市场适应能力有关。户主年龄在 36~45 岁和 56~65 岁的家庭，其工商业生产经
营净利润也相对较高，分别为 6.3 万元和 7.0 万元，反映出处于这些年龄段的户主在工商业
生产经营中的丰富经验和稳定积累。户主年龄在 16~25 岁和 46~55 岁的家庭，其工商业生产
经营净利润较低，均为 3.0 万元。这可能与年轻户主经验不足、中年户主进行经营转型有
关。户主年龄在 66 岁及以上的家庭，其工商业生产经营净利润最低，为 2.2 万元，反映出处
于该年龄段的户主，其在经营方面的活跃度、对市场的敏感度可能有所下降。

表 4-25　户主年龄段与工商业生产经营净利润　　　　单位：万元

户主年龄段	工商业生产经营净利润
16~25 岁	3.0
26~35 岁	7.7
36~45 岁	6.3
46~55 岁	3.0
56~65 岁	7.0
66 岁及以上	2.2

表4-26按户主学历分组展示了我国家庭的工商业生产经营净利润。可以看出,户主学历为大专及以上的家庭,其工商业生产经营净利润最高,达到10.7万元,显著高于户主学历为其他层次的家庭。这可能是由于高学历户主具备较强的管理能力、创新能力和敏锐的市场洞察力,因此他们能在工商业生产经营中取得较好的经济效益。在户主未上过学的家庭中,工商业生产经营净利润也相对较高,为6.1万元,反映出这些家庭在特定行业或传统经营模式中的经验积累。户主学历为初中、高中的家庭,其工商业生产经营净利润分别为4.2万元和4.3万元,处于中等水平。户主学历为小学的家庭,其工商业生产经营净利润最低,为1.2万元。这可能与这些户主受到知识、技能方面的限制有关。

表4-26　户主学历与工商业生产经营净利润　　　　　单位:万元

户主学历	工商业生产经营净利润
未上过学	6.1
小学	1.2
初中	4.2
高中	4.3
大专及以上	10.7

表4-27分组织形式展示了我国家庭的工商业生产经营净利润。其中,以有限责任公司为组织形式的家庭,其工商业生产经营净利润最高,达到34.7万元,显著高于以其他组织形式开展工商业生产经营活动的家庭。这可能与有限责任公司通常具备更强的资本实力、更规范的管理方式有关。紧随其后的是以独资企业、合伙企业为组织形式的家庭,工商业生产经营净利润分别为12.1万元和10.4万元。而以个体工商户为组织形式的家庭,其工商业生产经营净利润最低,仅有3.6万元。

表4-27　组织形式与工商业生产经营净利润　　　　　单位:万元

组织形式	工商业生产经营净利润
股份有限公司	9.3
有限责任公司	34.7
合伙企业	10.4
独资企业	12.1
个体工商户	3.6
没有营业执照	4.0

表 4-28 分经营年限展示了我国家庭的工商业生产经营净利润。可以看出，经营年限在 21~30 年的家庭，其工商业生产经营净利润最高，达到 6.3 万元。这可能是因为经过长期积累，这些家庭已拥有丰富的经验，能使经营状况保持在良好状态。相比之下，经营年限在 0~10 年和 41 年及以上的家庭，其工商业生产经营净利润较低，分别为 4.2 万元和 4.3 万元。这反映出新进入者在初期阶段的利润不稳定，以及长期经营者在后期可能面临竞争压力或市场变化。此外，经营年限在 11~20 年和 31~40 年的家庭，其工商业生产经营净利润分别为 5.8 万元和 5.4 万元，处于中等水平。

表 4-28　经营年限与工商业生产经营净利润　　　　　单位：万元

经营年限	工商业生产经营净利润
0~10 年	4.2
11~20 年	5.8
21~30 年	6.3
31~40 年	5.4
41 年及以上	4.3

表 4-29 按不同风险偏好展示了我国家庭的工商业生产经营净利润。可以看出，高风险偏好的家庭，其工商业生产经营净利润最高，达到 10.5 万元，显著高于中等风险偏好和低风险偏好的家庭。这可能是因为高风险偏好的家庭更愿意进行大胆的投资和市场拓展，从而获得了较高的回报。中等风险偏好的家庭，其工商业生产经营净利润也相对较高，为 8.6 万元，反映出适度的风险偏好能够带来较好的经济效益。低风险偏好的家庭，其工商业生产经营净利润最低，为 3.7 万元。这可能与这些家庭在工商业生产经营中采取较为保守的策略，未能充分把握潜在的高收益机会有关。

表 4-29　风险偏好与工商业生产经营净利润　　　　　单位：万元

风险偏好	工商业生产经营净利润
低风险偏好	3.7
中等风险偏好	8.6
高风险偏好	10.5

注：低风险偏好是指倾向的投资类型为"不愿意承担任何风险的项目""略低风险、略低回报的项目"，中等风险偏好是指倾向的投资类型为"平均风险、平均回报的项目"，高风险偏好是指倾向的投资类型为"高风险、高回报的项目""略高风险、略高回报的项目"。

表 4-30 按不同经济和金融信息关注度展示了我国家庭的工商业生产经营净利润。可以看出，中等关注度的家庭，其工商业生产经营净利润最高，达到 7.2 万元，比高关注度

的家庭多 0.2 万元。这表明适度关注经济和金融信息有助于家庭在工商业生产经营中做出明智的决策,从而提高净利润。相比之下,低关注度的家庭,其工商业生产经营净利润最低,为 3.7 万元。这可能是因为这些家庭缺乏对市场动态和经济环境的了解,导致决策不够精准。

此外,高关注度家庭的工商业生产经营净利润略低于中等关注度家庭,反映出过度关注信息可能提升决策的复杂度,以及带来信息过载问题。

表 4-30　经济和金融信息关注度与工商业生产经营净利润　　　　　单位:万元

经济和金融信息关注度	工商业生产经营净利润
低关注度	3.7
中等关注度	7.2
高关注度	7.0

注:低关注度是指对经济和金融信息的关注程度为"很少关注"或"从不关注",中等关注度是指对经济和金融信息的关注程度为"一般",高关注度是指对经济和金融信息的关注程度为"很关注"或"非常关注"。

5 家庭房产

5.1 家庭房产拥有情况

5.1.1 房产基本拥有情况

在深入剖析中国住房市场的基本情况时，家庭的住房拥有率无疑是一个极具参考价值的指标。家庭的住房拥有率是指拥有自有住房的家庭占全部家庭的比例。表 5-1 呈现了 2011—2021 年我国城乡家庭的住房拥有率动态变化情况。

从全国范围来看，家庭的住房拥有率始终保持在较高水平。具体而言，2011 年为90.0%，随后出现小幅波动，如 2015 年、2017 年分别上升至 92.7% 和 92.8%，2019 年回调至 90.4%，但 2021 年又回升至 91.9%。

分城乡来看，城镇家庭的住房拥有率整体呈上升趋势，从 2011 年的 84.8% 波动增长至 2021 年的 89.4%。这反映出在城镇化进程中，我国居民的住房条件得到持续改善。相比之下，农村家庭的住房拥有率已处于较高水平，始终保持在 95.0% 以上，这主要是城乡住房制度差异所致。

表 5-1   2011—2021 年城乡家庭的住房拥有率   单位:%

区域	2011 年	2013 年	2015 年	2017 年	2019 年	2021 年
全国	90.0	90.8	92.7	92.8	90.4	91.9
城镇	84.8	87.0	90.3	90.2	87.5	89.4
农村	96.0	96.4	96.6	97.2	95.8	96.3

图 5-1 展示了不同收入水平家庭的住房拥有率对比情况。数据表明，随着家庭收入水平的提高，住房拥有率呈现出稳步上升的趋势。收入最低 25% 的家庭，住房拥有率为84.3%；收入最高 25% 的家庭，住房拥有率则高达 95.2%。

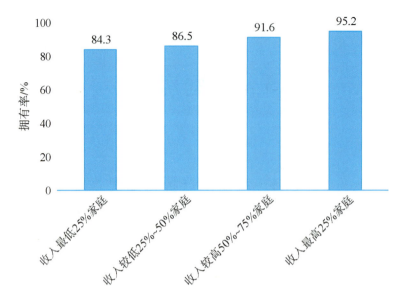

图 5-1　不同收入水平家庭的住房拥有率

图 5-2 展示了我国东部地区、中部地区、西部地区及东北地区家庭的住房拥有率对比情况。数据显示，在不同区域，家庭的住房拥有率整体处于较高水平，且差异较小，都超过 88%。

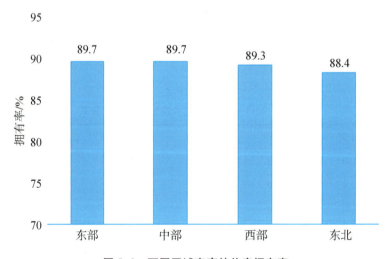

图 5-2　不同区域家庭的住房拥有率

图 5-3 分户主年龄段展示了我国家庭的住房拥有率。数据显示，住房拥有率在户主年龄段不同的家庭中存在显著差异，并呈现出明显的生命周期特征。

具体来看，户主年龄在 30 岁及以下的家庭，其住房拥有率最低，为 67.8%。这可能是由于该年龄段的户主普遍处于职业发展初期，因此收入积累有限、住房支付能力不足。

户主年龄在 31~45 岁的家庭，其住房拥有率显著提升至 89.9%，较户主年龄在 30 岁及以下的家庭增长了 22.1 个百分点。这一跃升可能源于该年龄段户主的职业发展趋于稳定、收入水平提高，以及家庭结构变化带来的住房需求增加。

户主年龄在 46~60 岁的家庭，其住房拥有率最高，达到 91.3%。这可能与该年龄段户主的长期经济积累、住房改善需求及资产配置偏好等因素有关。

户主年龄在 60 岁以上的家庭，其住房拥有率为 89.7%，虽较户主年龄在 46~60 岁的家庭略有下降，但仍维持在较高水平。这一变化可能反映出部分老年群体实现房产代际转移或选择多元化生活方式（如社区养老）的倾向。

总体而言，家庭的住房拥有率随户主年龄的增长呈现出先快速上升、后小幅回落的趋势，这一变化规律与个体生命周期中的职业发展、收入增长及居住需求变化密切相关。

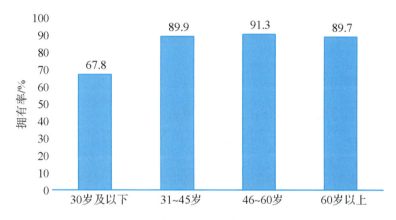

图 5-3 不同户主年龄段家庭的住房拥有率

图 5-4 分户主学历层次展示了我国家庭的住房拥有率。数据显示，家庭的住房拥有率与户主的受教育程度呈显著的正相关关系。具体而言，户主学历为初中及以下的家庭，其住房拥有率最低，为 88.3%。这可能与该群体的职业发展空间相对有限、收入水平较低等因素相关。随着户主学历的提升，家庭的住房拥有率也相应上升。户主学历为硕士研究生及以上的家庭，其住房拥有率最高，达 91.4%。这一趋势反映出户主的受教育程度对其家庭经济状况和住房条件的重要影响。通常，较高学历群体具有更强的职业竞争力、更稳定的收入来源及更优秀的信贷资质，这些因素共同提升了他们的住房购买能力和拥有自有住房的可能性。

值得注意的是，尽管户主学历层次不同的家庭，其住房拥有率有显著差异，但都保持在较高水平。这可能与我国居民普遍重视住房资产的传统观念及住房市场的政策环境有关。

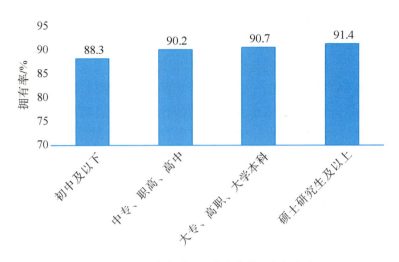

图 5-4　不同户主学历层次家庭的住房拥有率

5.1.2　多套房拥有率

多套房拥有率是指拥有多套自有住房的家庭占比。

图 5-5 展示了 2013—2021 年我国城镇家庭的多套房拥有率变化趋势。总体来看，我国城镇家庭的多套房拥有率呈上升趋势，从 2013 年的 18.6% 波动上升至 2021 年的 24.8%。这一数据表明，随着经济的发展和居民收入的增加，越来越多的城镇家庭具备了购买多套房的能力，并持有多套住房。

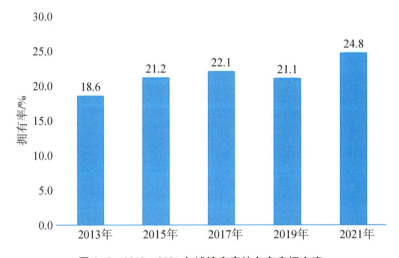

图 5-5　2013—2021 年城镇家庭的多套房拥有率

2021 年，我国城镇家庭的多套房拥有率在不同区域表现出显著差异。具体而言，如图 5-6所示，东部地区城镇家庭的多套房拥有率最高，达 27.0%，这可能与当地经济发展速度快、居民收入水平高及房地产市场活跃等因素密切相关。相比之下，在经济发展水平较低、人口较少的东北地区，城镇家庭的多套房拥有率较低，仅13.9%，远低于全国平均水平。

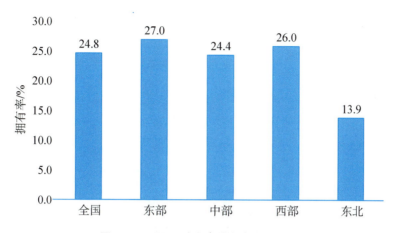

图5-6　不同区域家庭的多套房拥有率

图5-7按收入水平由低到高的顺序将我国家庭分为四个组。可以看出，收入水平越高的家庭，其多套房拥有率也越高。具体而言，收入最低25%家庭，其多套房拥有率仅为7.0%；而收入最高25%家庭，其多套房拥有率高达28.3%。这一现象表明，高收入家庭更有可能拥有多套住房，这可能与其经济实力雄厚、投资能力较强有关。

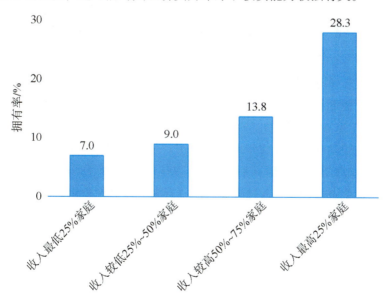

图5-7　不同收入水平家庭的多套房拥有率

2013—2021 年，不同收入水平家庭的多套房拥有率在各年份有所波动，但总体呈现上升趋势。如图 5-8 所示，随着时间的推移，不同收入水平家庭的多套房拥有率整体呈现上升趋势，且不同收入水平家庭之间的差距逐渐扩大。具体而言，收入最低 25% 家庭的多套房拥有率从 7.0% 增长至 12.5%，而收入最高 25% 家庭的多套房拥有率从 28.3% 增涨至 46.8%，其增幅更为明显。

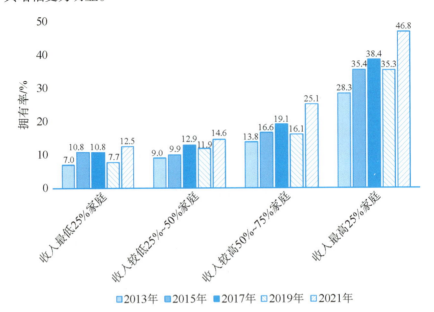

图 5-8　分不同年份、不同收入水平家庭的多套房拥有率

图 5-9 分户主年龄段展示了我国家庭的多套房拥有率情况。数据显示，户主年龄在 30 岁及以下的家庭，多套房拥有率较低，仅为 16.8%。这可能与该年龄段户主的经济条件有限、购房需求较低有关。户主年龄在 31~45 岁和 46~60 岁的家庭，其多套房拥有率分别达到 30.3% 和 29.4%。这一趋势反映出该年龄段户主的经济实力增强、投资意识提升，以及家庭结构变化（如子女成年后独立居住）带来的额外购房需求。然而，当户主年龄超过 60 岁时，家庭的多套房拥有率呈现出下降趋势，降至 18.5%。这可能表明部分老年群体更倾向于优化资产配置，通过减少房产持有来减轻管理负担，从而更加专注于提升个人及家庭的生活质量。

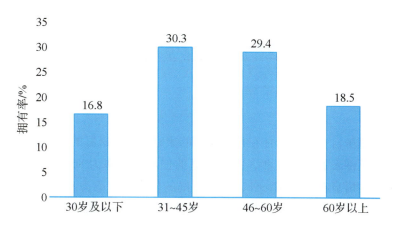

图 5-9　不同户主年龄段家庭的多套房拥有率

　　图 5-10 分户主学历层次展示了我国家庭的多套房拥有率情况。数据显示，随着户主学历的提升，家庭的多套房拥有率呈现出明显的递增趋势。具体而言，户主学历为初中及以下的家庭，多套房拥有率为 18.5%；户主学历为中专、职高、高中的家庭，多套房拥有率上升至 24.6%；户主学历为大专、高职、大学本科的家庭，该比例跃升至 35.6%；户主学历为硕士研究生及以上的家庭，多套房拥有率更是高达 52.1%。这一趋势有力地证明了受教育程度对个体经济条件、住房投资决策具有不可忽视的重要影响。

图 5-10　不同户主学历层次家庭的多套房拥有率

5.2 家庭基本居住情况

5.2.1 住房自有率

国际上常用住房自有率（居住在自有住房的家庭占全部家庭的比例）来描述家庭的居住状况。从全国范围来看，2021 年，我国家庭的住房自有率为 86.9%（见图 5-11）。其中，城镇家庭的住房自有率为 82.9%，农村家庭的住房自有率为 93.9%。可以明显看出，我国家庭的住房拥有率与住房自有率存在显著差异，尤其是在城镇地区。总体而言，我国家庭的住房自有率低于住房拥有率 5.0 个百分点。其中，城镇家庭的住房自有率低于住房拥有率 6.5 个百分点，这主要与人口流动及家庭住房消费观念有关。

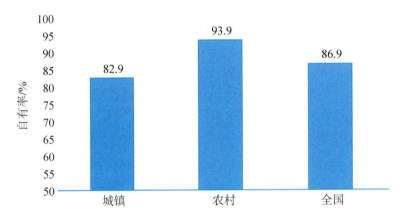

图 5-11 我国城乡家庭的住房自有率

与部分主要国家①相比，我国家庭的住房自有率较高，达到 86.9%。例如，发达国家中，瑞士的家庭住房自有率为 37.5%，美国为 65.5%；而新加坡因其独特的组屋制度而使家庭住房自有率最高，达 88.9%（见图 5-12）。

就我国而言，较高的住房自有率对家庭的财富积累、社会融入和子女入学等方面产生了积极影响。然而，过高的住房自有率也可能限制人口流动，从而不利于劳动力在市场上的优化配置。

图 5-13 分区域展示了我国家庭的住房自有率情况。总体来看，各区域家庭的住房自

---

① 数据来源于经济合作与发展组织保障性住房数据库（OECD Affordable Housing Database）：瑞士（2021 年）、冰岛（2018 年）、德国（2021 年）、西班牙（2021 年），以及日本统计数据（2018 年），新加坡统计数据（2021 年），澳大利亚家庭、收入与劳动力动态调查（HILDA）（2021 年），加拿大收入调查（CIS）（2019 年），韩国住房调查（2021 年），新西兰家庭经济调查（HES）（2021 年），美国社区调查（ACS）（2021 年），中国家庭金融调查（CHFS）（2021 年）。

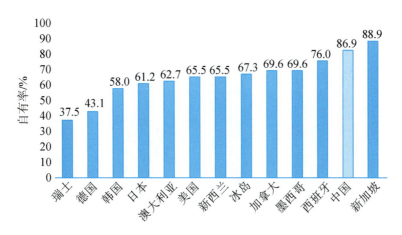

图 5-12　部分主要国家的家庭住房自有率

有率差异不大。具体而言，东北地区家庭的住房自有率最高，达到 84.7%；东部地区家庭为 83.5%；中部地区家庭为 83.3%；西部地区家庭的住房自有率相对较低，为 81.6%。

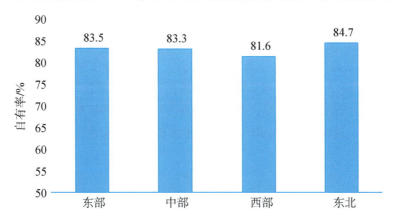

图 5-13　不同区域家庭的住房自有率

　　收入水平越高的家庭，其住房自有率也越高。具体而言，如图 5-14 所示，收入最低 25% 家庭的住房自有率最低，仅为 78.8%。这表明低收入家庭在常住地购房方面可能面临较大压力，或者缺乏住房消费观念。随着家庭收入水平的提升，住房自有率也相应提高。收入处于 25%～50% 家庭的住房自有率为 79.6%；收入处于 50%～75% 家庭的住房自有率进一步提升至 85.7%；而收入最高 25% 家庭的住房自有率最高，达到 87.4%。这进一步凸显了收入对家庭的住房自有率的重要影响。

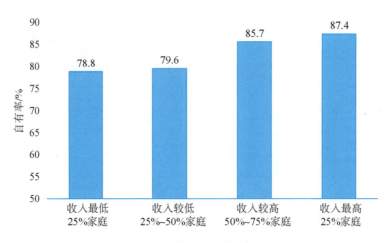

图 5-14　不同收入家庭的住房自有率

　　图 5-15 分户主年龄段分析了我国家庭的住房自有率分布情况。数据显示，户主年龄在 30 岁及以下的家庭，住房自有率最低，仅为 51.7%。这说明年轻群体可能受限于职业发展初期和财务积累阶段的经济压力，在购置自有住房方面临较为严峻的挑战。户主年龄在 31~45 岁的家庭，住房自有率显著提升至 81.2%，反映出随着职业生涯的发展和个体经济实力的增强，家庭的购房能力得到显著提升。户主年龄在 46~60 岁的家庭，其住房自有率继续攀升至 85.2%。这一增长趋势可能得益于家庭成员收入水平的逐步提高及购房需求的进一步满足。值得注意的是，户主年龄在 60 岁以上的家庭，其住房自有率维持在 85.0% 的稳定水平，这暗示了老年群体更注重于维持现有的居住环境。

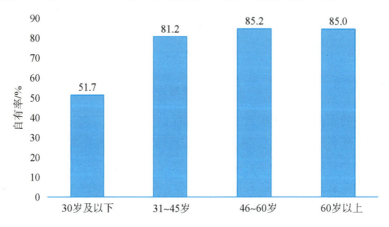

图 5-15　不同户主年龄段家庭的住房自有率

　　综上所述，在户主年龄为 60 岁及以下的家庭中，户主年龄与家庭的住房自有率之间呈正相关关系。这一趋势可能受到家庭经济实力、购房需求变化及个体职业规划等多重因素的共同影响。

5.2.2　居住面积

表 5-2 分城乡展示了我国居民的居住面积情况。总体来看，2021 年我国居民的居住面积均值为 39.9 平方米，中位数为 33.3 平方米。

分城乡来看，城镇居民的居住面积均值为 36.1 平方米，中位数为 29.7 平方米。均值高于中位数，表明部分城镇家庭的居住面积较大，这可能包括一些改善型住房和高端住宅；中位数相对较低，说明大部分城镇家庭的居住面积较小。这可能与城镇地区土地资源有限、住房供应结构不够合理、居民购房能力存在差异有关。总体而言，这种分布情况体现了城镇地区在住房资源分配方面的不均衡，同时也提示我们，要在住房规划和保障措施上综合考虑不同收入群体的需求，以促进住房资源的合理配置。相比之下，农村居民的居住面积均值更高，达到 45.9 平方米，中位数为 40.0 平方米。

表 5-2　我国居民的居住面积　　　　　　　　　　　单位：平方米

区域	均值	中位数
城镇	36.1	29.7
农村	45.9	40.0
全国	39.9	33.3

图 5-16 分区域展示了我国居民的人均居住面积情况。具体来看，东部地区居民的居住面积均值为 37.2 平方米；中部地区居民的居住面积均值为 38.3 平方米；西部地区居民的居住面积均值为 35.2 平方米；而东北地区居民的居住面积则相对较小，为 30.1 平方米。这种区域之间的差异可能与各地区的自然条件、经济发展水平及人口分布等因素有关。

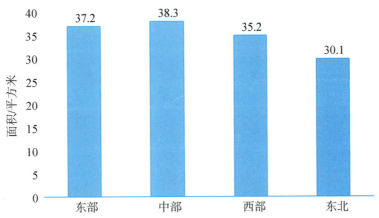

图 5-16　不同区域居民的居住面积均值

图 5-17 分城市类型展示了我国居民的人均居住面积情况。一线城市、二线城市及三线城市居民的居住面积均值存在显著差异。其中，一线城市居民的人均居住面积最小，为32.3 平方米；而三线城市居民的人均居住面积最大，为 38.0 平方米。

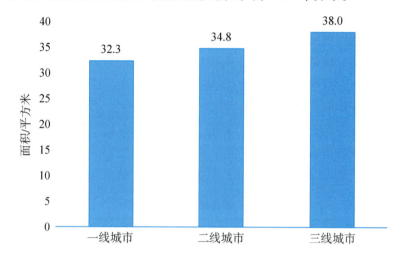

图 5-17　不同类型城市中居民的居住面积均值

图 5-18 分城乡展示了我国家庭的房屋居住面积分布情况。数据显示，在城镇地区，房屋居住面积在 30 平方米以下的家庭占比为 2.9%；而在农村地区，这一比例仅为 2.3%。对于居住在 150 平方米以上房屋的家庭，农村地区的占比高达 34.8%，远高于城镇地区的 11.4%。这反映出农村家庭的房屋居住面积普遍较大，而城镇家庭大多居住在面积较小的房屋中。

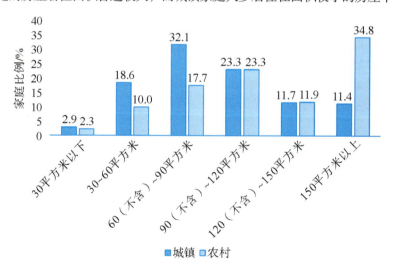

图 5-18　我国城乡家庭的房屋居住面积分布

图 5-19 分区域展示了我国家庭的房屋居住面积分布情况。在东部地区，房屋居住面积在 60（不含）~90 平方米的家庭占比较高，为 28.3%；其次为 90（不含）~120 平方米的家庭，占比为 22.6%。在东北地区，房屋居住面积在 30~60 平方米、60（不含）~90 平方米的家庭占比相对较高，其中房屋居住面积在 60（不含）~90 平方米的家庭占比最高，达到 42.4%。此外，东部地区居住在 150 平方米以上房屋的家庭占比为 14.7%，这一数值明显高于其他地区。

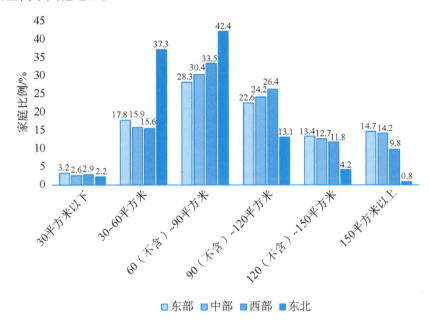

图 5-19　不同区域家庭的房屋居住面积分布

图 5-20 分城市类型展示了我国家庭的房屋居住面积分布情况。总体来讲，在经济发展水平越高的城市中，家庭的房屋居住面积越小。

具体而言，一线城市居住在 90 平方米及以下房屋的家庭占比较高，达到 63.9%；而三线城市居住在 90 平方米以上房屋的家庭占比较高，达到 57.7%。

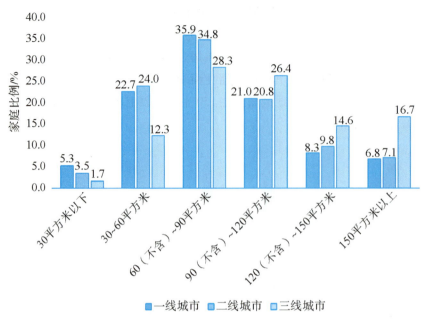

图 5-20　不同类型城市中家庭的房屋居住面积分布

5.2.3　居住房屋成套情况

图 5-21 分城乡展示了我国家庭居住的房屋成套现状。总体来看，我国家庭居住的房屋成套情况较好，但城乡之间存在较大差异，农村地区的住房条件亟待进一步改善。

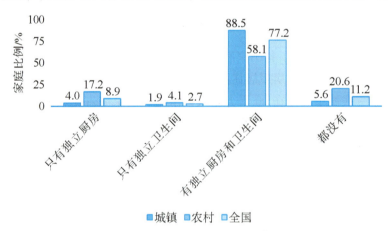

图 5-21　我国城乡家庭居住的房屋成套情况

具体而言，从全国范围来看，家庭居住的房屋拥有独立厨房和卫生间的占比为 77.2%。在城镇地区，这一比例跃升至 88.5%，凸显了城镇家庭在房屋配套设施方面的完备性。相比之下，农村地区家庭居住的房屋仅有 58.1% 配备了独立厨房和卫生间，显著低于城镇地区，反映出城乡在房屋配套设施上的不均衡现状。此外，农村地区只有独立厨房或只有独立卫生间的房屋占比较高，进一步说明了农村的房屋配套设施不完善。同时，全国范围内仍有 11.2% 的家庭居住的房屋既无独立厨房，又无独立卫生间，其中在农村地区，这一比例高达 20.6%，凸显了改善住房条件的必要性和紧迫性。

未来，我们应加大对农村地区生活环境的改善力度。这不仅有助于提升农村居民的生活质量，也有助于推动城乡一体化发展，缩小城乡差距。

表 5-3 分区域展示了我国家庭居住的房屋成套现状。总体来看，各区域家庭居住的房屋成套水平普遍较高，其中东部地区的表现尤为突出，但仍有部分住房存在改善空间。

数据显示，在东部地区，拥有独立厨房和卫生间的房屋占比高达 90.9%，说明东部地区家庭的房屋配套设施完善度较高。与此同时，东北地区、中部地区和西部地区家庭的房屋成套情况也较好，尽管拥有独立厨房和卫生间的房屋占比略低于东部地区，但都保持在 86% 以上的较高水平。值得关注的是，各区域仍有不超过 7% 的家庭所居住的房屋既无独立厨房，又无独立卫生间。这一分布格局既反映了我国在家庭住房条件整体优化方面的成效，又揭示了后续需要重点关注和努力的方向。

表 5-3   不同区域家庭居住的房屋成套情况   单位:%

成套情况	东部	中部	西部	东北
只有独立厨房	2.4	4.2	4.9	6.0
只有独立卫生间	1.6	1.2	2.7	1.7
有独立厨房和卫生间	90.9	88.3	86.4	88.2
都没有	5.1	6.3	6.0	4.1

表 5-4 分城市类型展示了我国家庭居住的房屋成套现状。数据显示，在不同类型城市中，家庭的房屋成套情况存在显著差异：在经济发展水平越高的城市中，家庭的房屋成套情况越好。

具体而言，一线城市家庭居住的房屋中拥有独立厨房和卫生间的比例最高，达到 95.1%；二线城市中，这一比例为 92.4%；三线城市中，该比例为 84.0%，呈现出逐级递减的趋势。此外，在各类型城市中，只有独立厨房或只有独立卫生间的房屋占比均较低。值得关注的是，既无独立厨房，又无独立卫生间的房屋占比在三线城市最高，达到 7.6%，这在一定程度上反映了三线城市家庭的住房条件有待进一步改善。

总体来说，在不同类型城市中，家庭的住房成套情况差异明显。其中，一线城市家庭的住房条件最为优越，而三线城市家庭的住房条件则相对滞后。

表 5-4　不同类型城市家庭居住的房屋成套情况　　　　　　　单位:%

成套情况	一线城市	二线城市	三线城市
只有独立厨房	1.3	2.3	5.9
只有独立卫生间	0.9	1.4	2.5
有独立厨房和卫生间	95.1	92.4	84.0
都没有	2.7	3.9	7.6

5.2.4　居住房屋装修情况

表 5-5 分城乡呈现了我国家庭居住的房屋装修情况。数据显示,城乡家庭的房屋装修水平存在显著差异,城镇家庭的房屋装修水平普遍较高,而农村家庭相对较低。

从全国范围来看,房屋装修以简装为主,房屋为简装的占比高达 79.0%。其中,在城镇地区,房屋为简装的占比为 79.3%;在农村地区,这一比例为 78.3%。两者的差异较小。然而,在精装房屋方面,城镇地区的占比为 15.1%,显著高于农村地区的 6.8%,这在一定程度上反映了城镇家庭对居住环境的更高追求和更大投入。与此同时,在农村地区,房屋为毛坯或清水的占比为 14.9%,显著高于城镇地区的 5.6%,凸显了农村家庭在房屋装修上的低成本现状,也说明这类房屋的舒适度亟待提升。

总体而言,城乡家庭在房屋装修水平上存在明显差异,城镇家庭居住的房屋,其装修水平相对较高;而农村家庭则以简装房屋、毛坯或清水房屋为主,舒适度和美观度有待进一步提高。

表 5-5　我国城乡家庭居住的房屋装修情况　　　　　　　　　单位:%

装修情况	城镇	农村	全国
毛坯或清水	5.6	14.9	9.0
简装	79.3	78.3	79.0
精装	15.1	6.8	12.0

表 5-6 分区域展示了我国家庭居住的房屋装修情况。数据显示,各区域家庭的房屋装修水平存在显著差异。其中,东部地区家庭的房屋装修水平较高,而中部地区、西部地区和东北地区的家庭在居住品质方面仍有提升空间。

具体而言,在东部地区,房屋为精装的占比最高,达到 17.4%,显著高于中部地区、西部地区和东北地区,后三者的这一比例都低于 15%。在简装房屋方面,各区域的占比都较高且差异不大,显示出简装房屋在全国范围内的普遍性。与此同时,房屋为毛坯或清水的占比在各区域都处于较低水平,但值得注意的是,西部地区和中部地区的这一比例相对较高，分别为 7.0% 和 6.7%，这在一定程度上反映了西部地区和中部地区家庭在房屋装修方面的低成本现状。

表5-6　不同区域家庭居住的房屋装修情况　　　　　　　　单位:%

地区	毛坯或清水	简装	精装
东部	3.3	79.3	17.4
中部	6.7	79.3	14.0
西部	7.0	78.6	14.4
东北	5.9	82.0	12.1

表5-7分城市类型展示了我国家庭居住的房屋装修情况。数据显示，在不同类型城市中，家庭居住的房屋装修水平存在显著差异：一线城市家庭的房屋装修水平最高，三线城市家庭则相对较低。

具体而言，在一线城市，房屋为精装的占比最高，达到 20.1%；在二线城市和三线城市，这一比例分别为 18.3% 和 11.4%。这说明，随着城市级别的降低，房屋为精装的占比逐渐下降。在简装方面，在各类型城市中，相关房屋占比都较高。这在一定程度上反映了不同城市居民在装修需求和预算方面的差异。与此同时，房屋为毛坯或清水的占比在三线城市最高，达到 7.0%，凸显了三线城市家庭在房屋装修方面的低成本现状。

表5-7　不同类型城市家庭居住的房屋装修情况　　　　　　单位:%

城市类型	毛坯或清水	简装	精装
一线城市	2.4	77.5	20.1
二线城市	4.7	77.0	18.3
三线城市	7.0	81.6	11.4

5.3　家庭房产消费特征

5.3.1　购房动机

2008—2021 年，在新购住房的家庭中，购买首套住房的占比整体呈持续下降的趋势，而购买二套及以上住房的占比整体呈现持续上升的态势。

如图 5-22 所示，2008 年，在新购住房的家庭中，购买首套住房的占比为 70.3%，购买二套住房的占比为 26.5%，购买三套及以上住房的仅占 3.2%。到 2021 年，在新购住房的家庭中，购买首套住房的占比降至 21.6%，购买二套住房的占比升至 54.2%，购买三套及以上住房的占比达 24.2%。

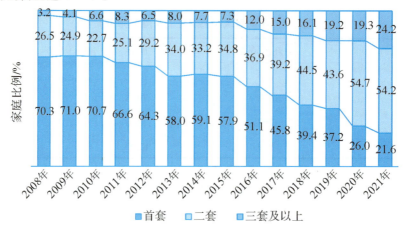

图 5-22　2008—2021 年新购住房情况

　　图 5-23 分析了新购住房家庭的购房动机。数据显示，在新购住房的家庭中，用于"改善当前居住环境"的占比最高，达到 33.4%；其次是用于"结婚、分家及为子女购房"，占比为 19.7%；再次是"为子女教育而购买学区房"，占比为 14.2%。用于"养老、度假"的家庭占 10.0%；选择"以前无房，用于以后居住"的家庭占 7.4%；用于"投资，如出租或出售"的家庭占 6.5%。

图 5-23　新购住房家庭的购房动机

　　图 5-24 分析了计划购房家庭的购房动机。数据显示，在未来有购房计划的家庭中，用于"结婚、分家及为子女购房"的占比最高，达到 37.6%；其次是为了"改善当前居住环境"，占比为 26.9%。

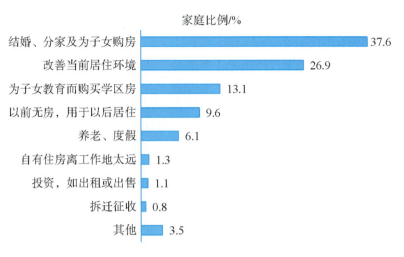

家庭比例/%

结婚、分家及为子女购房 37.6
改善当前居住环境 26.9
为子女教育而购买学区房 13.1
以前无房，用于以后居住 9.6
养老、度假 6.1
自有住房离工作地太远 1.3
投资，如出租或出售 1.1
拆迁征收 0.8
其他 3.5

图 5-24　计划购房家庭的购房动机

图 5-25 分析了不同类型城市中计划购房家庭的购房动机。数据显示，在各类型城市中，"结婚、分家及为子女购房"都是家庭购房的主要目的，其中三线城市的表现尤为突出，相关家庭占比高达 40.2%。与此同时，"改善当前居住环境"和"为子女教育而购买学区房"也是重要的购房动机。其中，二线城市家庭对"改善当前居住环境"的需求最为强烈，占比达 32.0%。这反映出当前我国居民住房需求的多样性和复杂性。

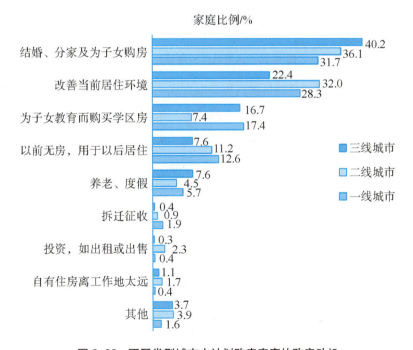

家庭比例/%

结婚、分家及为子女购房 40.2 / 36.1 / 31.7
改善当前居住环境 22.4 / 32.0 / 28.3
为子女教育而购买学区房 16.7 / 7.4 / 17.4
以前无房，用于以后居住 7.6 / 11.2 / 12.6
养老、度假 7.6 / 4.5 / 5.7
拆迁征收 0.4 / 0.9 / 1.9
投资，如出租或出售 0.3 / 2.3 / 0.4
自有住房离工作地太远 1.1 / 1.7 / 0.4
其他 3.7 / 3.9 / 1.6

■ 三线城市
□ 二线城市
■ 一线城市

图 5-25　不同类型城市中计划购房家庭的购房动机

5.3.2 城镇地区的房屋获取方式

图 5-26 展示了城镇地区的房屋获取主要方式及相应占比，也从侧面反映了当前城镇地区的住房供给特点。总体来看，城镇地区的房屋获取方式较为多元化。数据显示，购买商品房（包括新建商品房和二手商品房）是城镇地区住房最主要的获取方式，占比达到48.5%，凸显了商品房在住房供给中的主导地位；其次是通过自建、扩建来获取的房屋占比，为 16.0%；通过购买政策性住房来获取的房屋占比为 4.2%；通过集资建房和购买小产权房来获取的房屋占比相对较低，分别为 1.7%和 1.0%。

图 5-26 城镇地区的房屋获取方式

表 5-8 展示了不同区域城镇地区的房屋获取方式。数据显示，对于不同区域的城镇住房而言，购买商品房（包括新建商品房和二手商品房）是主要的获取方式，但占比存在差异。

表 5-8 不同区域城镇地区的房屋获取方式　　　　　　　　单位:%

获取方式	东部	中部	西部	东北
购买新建商品房	26.7	29.7	35.7	32.2
购买二手商品房	16.3	13.5	17.8	27.1
购买政策性住房	5.2	3.3	4.6	1.9
继承或接受赠予	4.7	4.8	3.0	4.4
低于市场价从单位获得	9.6	13.0	11.7	13.4
集资建房	1.2	1.6	2.4	0.5
自建、扩建	19.4	21.0	13.5	3.5

表5-8(续)

获取方式	东部	中部	西部	东北
获得安置房	13.8	10.5	8.4	13.1
购买小产权房	0.9	0.9	1.2	1.2
其他方式	2.2	1.7	1.7	2.7

具体而言，东部地区通过购买商品房（包括新建商品房和二手商品房）获取的房屋占比相对较低，仅43.0%；而东北地区的相应占比较高，达到59.3%。与此同时，通过购买政策性住房来获取的房屋，其占比在东部地区最高，达到5.2%，说明该地区的住房保障覆盖范围更广。此外，东部地区和中部地区通过自建、扩建获取的房屋，其占比分别达到19.4%和21.0%，远高于其他区域。这表明，在不同区域，城镇地区的房屋获取方式存在显著差异，这可能与当地的经济发展水平、政策导向等因素有关。

表5-9展示了不同类型城市中城镇地区的房屋获取方式。数据显示，通过购买二手商品房获取的房屋占比在一线城市最高，达到20.0%，这反映出一线城市的住房市场已逐渐转向存量市场。由于土地资源的稀缺和城市规划的限制，一线城市中自建、扩建的情况较少，而拆迁征收更为普遍，因此通过安置获取的房屋占比达26.0%，远高于二、三线城市。在二线城市，通过购买商品房（包括新建商品房和二手商品房）获取的房屋占比最高，高达52.1%，表明这类城市中的居民更倾向于通过市场途径购置房产。在三线城市，通过自建、扩建获取的房屋占比为26.1%，远高于一、二线城市水平。这一现象可能源于以下几方面的因素：首先，在三线城市扩张过程中，"被进城"现象较为普遍；其次，相较于大城市，三线城市的土地资源更为充裕，城市规划方面的限制条件相对较少；最后，三线城市的规模一般较小，这也降低了自建、扩建的实施难度。

表5-9 不同类型城市中城镇地区的房屋获取方式　　　　单位:%

获取方式	一线城市	二线城市	三线城市
购买新建商品房	23.3	33.0	31.4
购买二手商品房	20.0	19.1	14.9
购买政策性住房	4.6	5.0	3.4
继承或接受赠予	3.5	4.3	4.0
低于市场价从单位获得	12.1	14.4	8.3
集资建房	0.5	2.5	1.2
自建、扩建	6.4	8.1	26.1
获得安置房	26.0	10.8	7.7

表5-9(续)

获取方式	一线城市	二线城市	三线城市
购买小产权房	1.1	1.0	1.1
其他方式	2.5	1.8	1.9

5.4 小产权房

5.4.1 小产权房的基本拥有情况

小产权房作为一种非正规住房形式，在我国城乡地区均有一定程度的存在和分布。2017年，城镇家庭和农村家庭的小产权房拥有率均达到峰值。

如图5-27所示，2011—2021年，城镇家庭的小产权房拥有率虽略有波动，但整体呈上升趋势，从2.9%增长至3.8%，农村家庭亦呈现出类似趋势，从2.7%增长至3.7%。这可能与城镇化进程、土地管理制度及住房需求变化有关。到2021年，城乡家庭的小产权房拥有率已无显著差异，分别为3.8%和3.7%。

图5-27 2011—2021年城乡家庭的小产权房拥有率

5.4.2 小产权房的区域分布情况

图5-28分区域展示了我国家庭的小产权房拥有率。在城镇，中部地区家庭的小产权房拥有率最高，达4.6%；东部地区家庭为4.2%；东北地区家庭最低，仅1.8%。在农村，东北地区家庭的小产权房拥有率最高，达到4.3%；中部地区家庭最低，为2.4%。这种分布差异可能与各区域的经济发展水平、土地管理制度及城镇化进程有关。

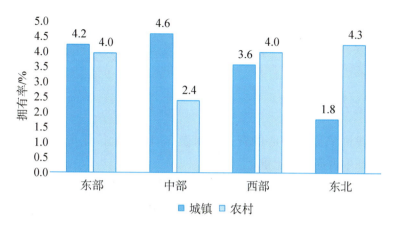

图 5-28　不同区域家庭的小产权房拥有率

图 5-29 分城市类型展示了我国家庭的小产权房拥有率。数据显示，在不同类型城市中，家庭的小产权房拥有率都呈现出显著的城乡分化特征。

具体而言，在一线城市，城镇家庭的小产权房拥有率较高，达到 4.1%；相比之下，农村家庭的这一比例仅为 1.9%。这一差异可能与一线城市城镇地区的经济发展速度较快、人口流动频繁、住房需求旺盛有关。二线城市则呈现出相反的态势，农村家庭的小产权房拥有率为 4.2%，高于城镇家庭的 2.2%。这一现象反映出二线城市农村地区的经济正稳步崛起，以及居民改善住房条件的需求日益增长。在三线城市，城镇家庭与农村家庭的小产权房拥有率较为接近，分别是 3.9% 和 3.0%。这种相对均衡的分布可能与三线城市整体经济发展水平较低、城镇化进程较为平稳有关，进而导致城乡家庭之间的差距较小。

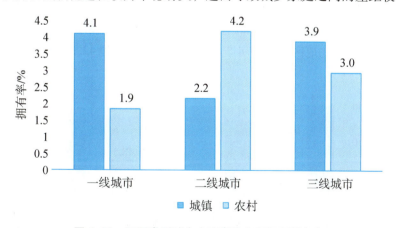

图 5-29　不同类型城市中家庭的小产权房拥有率

5.5   家庭财富配置中的房产

5.5.1   住房资产占比情况

住房资产是我国家庭最核心的资产。如表 5-10 所示，住房资产（以下简称"房产"）在家庭资产中占据较大比重。

具体而言，在城镇地区，房产占总资产的比重高达 74.8%，占净资产的比重更是达到 78.7%；而在农村地区，房产占总资产的比重为 45.7%，占净资产的比重为 48.6%。尽管农村地区的这两种占比相对较低，但房产在总资产和净资产中仍接近半数。这表明，无论是在城镇地区还是在农村地区，房产都是家庭资产的重要组成部分。同时，由于城镇地区的房价更高，因此城乡家庭的房产价值差异较为明显。

表 5-10   房产占家庭资产的比重   单位:%

地区	房产占总资产的比重	房产占净资产的比重
城镇	74.8	78.7
农村	45.7	48.6

图 5-30 分区域展示了我国家庭的房产占总资产的比重。数据显示，在城镇，东部地区家庭的房产占比最高，达到 79.4%；中部地区、东北地区和西部地区家庭的房产占比依次递减，分别为 71.0%、70.8%和 66.2%。在农村，东部地区家庭的房产占比依然最高，为 61.7%，但与其他地区相比，差距有所缩小；中部地区家庭的房产占比最低，仅 30.2%；西部地区和东北地区家庭的房产占比分别为 48.5%和 42.3%。

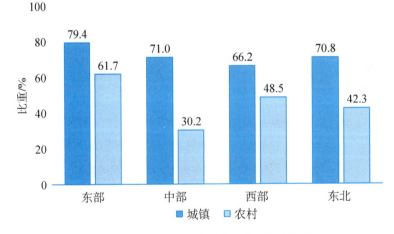

图 5-30   不同区域家庭的房产占总资产比重

　　总体来看，无论是在城镇还是在农村，东部地区家庭的房产占比均显著高于其他地区家庭，这可能与该地区较高的经济发展水平、较大的人口密度及较活跃的房地产市场有关。

　　图 5-31 分收入水平展示了我国家庭的房产占总资产的比重。不同收入水平的家庭之间，房产占总资产的比重差异显著。

　　在城镇地区，房产占比与收入水平呈倒 U 形关系。数据显示，收入最低 25% 家庭和收入最高 25% 家庭的房产占比相对较低，分别为 72.0% 和 73.8%；而收入较低 25%~50% 家庭和收入较高 50%~75% 家庭的房产占比相对较高，分别为 80.1% 和 75.8%。这可能与低收入家庭的住房拥有率较低，而高收入家庭的资产配置更为多样化有关。

　　在农村地区，房产占比随家庭收入水平的提高而波动下降，收入最低 25% 家庭的房产占比为 59.4%，而收入最高 25% 家庭的房产占比为 49.2%。

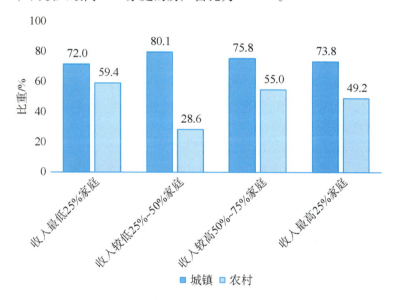

图 5-31　不同收入水平家庭的房产占总资产比重

5.5.2　户主特征差异

　　图 5-32 分户主年龄段展示了我国家庭的房产占总资产的比重。数据显示，在城镇地区，在户主年龄越大的家庭中，房产占总资产的比重越高；而农村地区正好相反。

　　具体而言，在城镇地区，户主年龄在 30 岁及以下的家庭，其房产占总资产的比重最低，为 70.1%；户主年龄在 60 岁以上的家庭，其房产占比最高，达 80.5%。在农村地区，户主年龄在 30 岁及以下的家庭，其房产占总资产的比重最高，为 52.0%。随着户主年龄的增加，房产占比整体呈下降趋势，户主年龄在 60 岁以上的家庭，其房产占比仅为

37.1%。这种差异可能与不同年龄段户主的家庭经济状况、购房需求有关。

分析原因，在城镇地区，年轻户主在购房能力方面相对不足，且更倾向于将资金用于教育、消费等其他领域，因此其家庭的房产占比相对较低。随着户主年龄的增长，财富积累不断增加，购房能力日益增强，家庭的房产占比也随之提高。而在农村地区，年轻户主可能因相对充裕的土地资源，更倾向于自建、扩建房屋，导致家庭的房产占比相对较高。在户主年龄为60岁以上的家庭中，房产代际转移现象较为常见，同时其他资产（如土地流转收益等）的占比相对增加，导致房产在总资产中的占比不断下降。

图 5-32　不同户主年龄段家庭的房产占总资产比重

图 5-33 分户主受教育水平展示了我国家庭的房产占总资产的比重。数据显示，在城镇地区，户主受教育水平越高的家庭，房产占总资产的比重越低；而在农村地区，房产占比则与户主受教育水平呈倒 U 形关系。这揭示了户主的受教育程度对家庭住房投资决策的重要影响。

具体而言，在城镇地区，户主学历为初中及以下的家庭，其房产占总资产的比重最高，达到 77.0%。随着户主受教育水平的提升，家庭的房产占比逐渐下降。户主学历为硕士研究生及以上的家庭，房产占总资产的比重最低，为 73.0%。这可能是因为随着受教育水平的提高，人们的消费观念和投资理念会发生变化，高学历群体通常具有更强的投资意识和更加多元化的投资选择，其更倾向于将资产配置于股票、基金、金融产品等其他领域，而非单一的房产。

在农村地区，户主受教育水平最高和最低的家庭，房产占总资产的比重均较小，分别为 42.0% 和 43.6%。这表明，受教育水平较低的户主可能因经济条件的限制，无法进行大规模房产投资；而受教育水平较高的户主则可能因更多的就业机会和更广的投资渠道，将资产分散到其他领域，从而降低了房产在总资产中的比重。

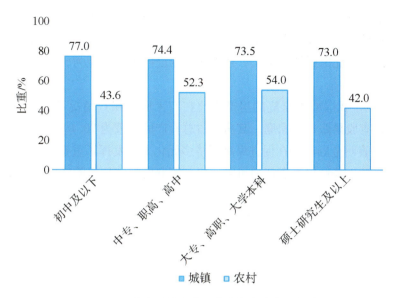

图 5-33　不同户主受教育水平家庭的房产占总资产比重

5.5.3　其他投资差异

图 5-34 展示了我国家庭的房产占比在有无工商业项目情况下的差异。数据显示，从事工商业经营的家庭，其房产占总资产的比重普遍低于未从事工商业经营的家庭。

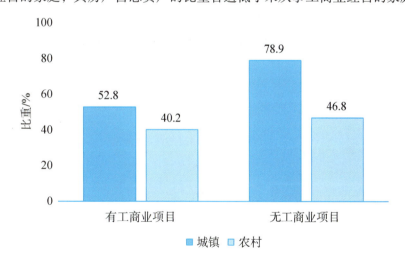

图 5-34　有无工商业项目与家庭房产占总资产的比重

分城乡来看，在城镇地区，从事工商业经营的家庭，其房产占总资产的比重为52.8%；而未从事工商业经营的家庭，其房产占比高达 78.9%，显著高于前者。在农村地区，从事工商业经营的家庭，其房产占比为40.2%；而未从事工商业经营的家庭，其房产占比为 46.8%，同样高于从事工商业经营的家庭。这反映出开展工商业项目作为家庭经济多元化发展的有效途径，能够显著降低房产在家庭总资产中的比重。由此可见，从事工商业经营不仅有助于优化家庭资产配置，还能提升家庭的抗风险能力，促进家庭经济的稳健发展。

图 5-35 展示了我国城镇家庭的房产占比在有无股票账户情况下的差异。数据显示，在城镇地区，拥有股票账户的家庭，其房产占总资产的比重为 70.1%，低于无股票账户家庭的 76.3%。这表明金融市场在促进家庭经济多元化方面发挥了重要作用。这种多元化的资产配置策略有助于降低单一资产的风险，提高家庭的整体抗风险能力。

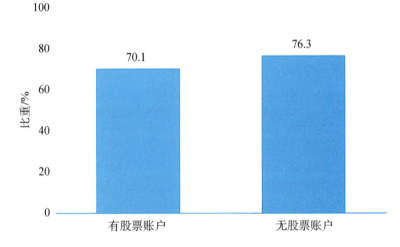

图 5-35　有无股票账户与家庭房产占总资产的比重

6 其他非金融资产

6.1 汽车

6.1.1 汽车消费

（1）汽车拥有率

汽车拥有率是指拥有家用汽车的家庭数量占全部家庭数量的比重。

图 6-1 分城乡展示了 2011—2021 年我国家庭的家用汽车拥有情况。近年来，我国家庭的家用汽车拥有量整体呈增长趋势，反映出汽车在中国家庭中的普及程度不断提高。

图 6-1　2011—2021 年城乡家庭的汽车拥有率

具体而言，2021 年我国有近三成家庭拥有家用汽车。然而，值得注意的是，城乡家庭在家用汽车拥有情况方面存在显著差异，即城镇家庭的汽车拥有率明显高于农村家庭。根据 CHFS 数据，2021 年全国有 29.8% 的家庭拥有家用汽车。这一比例相较于 2011 年有了显著提升，2011 年全国仅有 14.5% 的家庭拥有家用汽车。

分城乡来看，2021 年城镇家庭的汽车拥有率为 35.2%，而农村家庭的汽车拥有率为

20.5%。这反映出城乡之间在经济发展水平和居民收入水平方面存在较大差异。

表6-1展示了我国家庭的家用汽车拥有数量分布情况。数据显示,从全国范围来看,在拥有家用汽车的家庭中,近九成仅拥有1辆家用汽车。

分城乡来看,在农村家庭中,仅拥有一辆家用汽车的比例为92.0%。这表明在农村地区,大多数家庭购车主要是为了满足基本出行需求,1辆家用汽车已足够日常使用。

相比之下,在城镇家庭中,仅拥有1辆家用汽车的比例为87.8%。部分城镇家庭可能因工作、生活或社交需求而选择拥有2辆或更多家用汽车。具体而言,城镇家庭中拥有两辆家用汽车的比例较高,为11.0%,而农村地区的这一比例仅为7.7%。

表6-1　家用汽车拥有数量分布情况　　　　　　　　　　　　单位:%

拥有数量	全国	城镇	农村
1辆	88.8	87.8	92.0
2辆	10.2	11.0	7.7
3辆及以上	1.0	1.2	0.3

(2)户主特征与家用汽车拥有情况

首先,家庭的汽车拥有率随户主年龄的增长呈现出先升后降的倒U形分布。

具体来看,如图6-2所示,户主年龄在25周岁及以下的家庭,其汽车拥有率相对较低,仅为24.8%。随着户主年龄的增加,家庭的汽车拥有率迅速攀升,并在户主年龄为36~45周岁的家庭中达到峰值62.6%。然而,当户主年龄超过45周岁后,家庭的汽车拥有率开始逐渐下滑,并在户主年龄为56周岁及以上的家庭中降至最低,仅为18.5%。

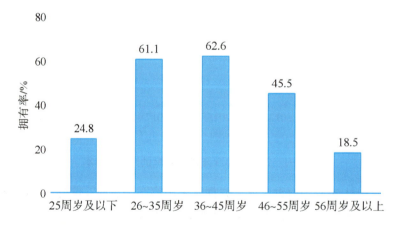

图6-2　户主年龄与家庭的汽车拥有率

其次,家庭的汽车拥有率与户主的受教育水平呈显著的正相关关系。

如图6-3所示,户主没上过学的家庭,其汽车拥有率最低,仅为6.8%。随着户主受教育程度的提高，家庭的汽车拥有率稳步上升。其中，户主学历为硕士研究生、博士研究生的家庭，其汽车拥有率最高，达到71.5%。

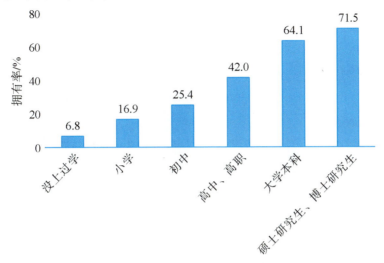

图 6-3　户主受教育水平与家庭的汽车拥有率

最后，家庭的汽车拥有率与家庭的收入水平也呈显著的正相关关系，且收入水平越高的家庭，其汽车拥有率增长越强劲。

如图 6-4 所示，低收入家庭的汽车拥有率最低，仅为19.3%。尽管低收入家庭、较低收入家庭和中等收入家庭的汽车拥有率相对接近，但从较高收入家庭开始，汽车拥有率出现明显跃升。高收入家庭的汽车拥有率最高，达到69.3%，显著高于其他收入水平的家庭。

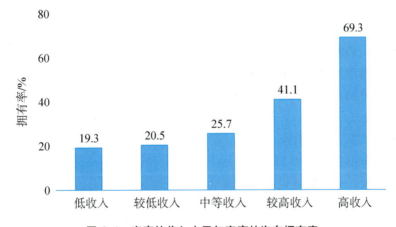

图 6-4　家庭的收入水平与家庭的汽车拥有率

6.1.2　汽车保险

如图 6-5 所示，在汽车保险支出方面，有车家庭平均缴费 3 186 元。其中，城镇家庭的平均支出相对较高，达到 3 260 元；而农村家庭的平均支出较低，为 2 946 元。这种城乡差异可能与收入水平、车辆使用频率及保险需求有关。

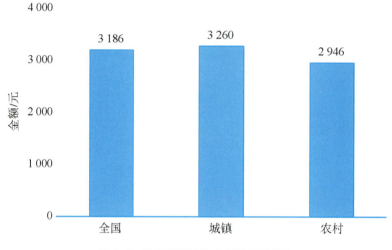

图 6-5　我国家庭的汽车保险缴费情况

6.2　耐用品和其他非金融资产

6.2.1　耐用品

我国城乡家庭在耐用品拥有情况上存在显著差异。如表 6-2 所示，从全国范围来看，手机拥有率最高，达到 95.6%，且城镇家庭与农村家庭的手机拥有率均围绕这一数值上下波动，显示出手机作为日常通信工具的广泛普及性。

在传统家电方面，如电视、洗衣机、冰箱、卫星电视接收器等的全国家庭拥有率为 91.3%，城乡家庭之间的差异不大，反映出这些家电在我国已基本普及。

然而，在现代家电的拥有率上，城乡差异开始显现。空调、空气净化器、新风（换气系统）等的全国家庭拥有率为 51.0%，其中城镇家庭的拥有率高达 58.2%，显著高于农村家庭的 38.7%，反映出城镇居民在生活质量提升方面步伐更快。

在电脑（台式机、笔记本、平板等）的拥有率上，城乡差异更为显著。全国家庭的拥有率为 38.3%，其中城镇家庭的拥有率接近半数，达到 49.2%，而农村家庭仅为 19.6%，表明信息科技产品在城乡之间的普及程度上存在较大差距。

此外，家具，厨卫大件（如热水器、净水器、抽油烟机、炉灶、洗碗机、消毒柜等），照相机、摄像机、音响、乐器、健身器材，以及其他耐用品的拥有率也呈现出一定的城乡差异。家具作为生活必需品，其在全国家庭中的拥有率较高，且城镇家庭的拥有率略高于农村家庭。而厨卫大件，照相机、摄像机、音响、乐器、健身器材等现代生活设施的拥有率明显受到城乡经济发展水平的影响，城镇家庭的拥有率普遍高于农村家庭。

表 6-2　我国城乡家庭的耐用品拥有率　　　　　　　　单位:%

耐用品类别	全国	城镇	农村
手机	95.6	95.2	96.2
电视、洗衣机、冰箱、卫星电视接收器等	91.3	91.1	91.7
空调、空气净化器、新风（换气系统）	51.0	58.2	38.7
电脑（台式机、笔记本、平板等）	38.3	49.2	19.6
家具	80.8	83.7	75.9
厨卫大件	12.5	17.3	4.3
照相机、摄像机、音响、乐器、健身器材	66.5	76.9	48.8
其他	75.5	77.6	72.0
都没有	0.2	0.1	0.3

注：家庭的耐用品拥有情况为多项选择题。

6.2.2　其他非金融资产

在其他非金融资产拥有方面，我国城乡家庭表现出较为明显的差异。如表 6-3 所示，从全国范围来看，金银、珠宝、首饰、名表等奢侈品的拥有率为20.2%。其中，城镇家庭的拥有率为25.6%，远高于农村家庭的10.8%，反映出城乡家庭在财富积累、消费观念上的差异。同样，高档箱包、服饰，以及珍贵动植物、古董或古玩、字画或艺术品等奢侈品的拥有率也呈现出明显的城乡差异，即城镇家庭的拥有率普遍高于农村家庭。

表 6-3　我国城乡家庭的奢侈品拥有率　　　　　　　　单位:%

奢侈品类别	全国	城镇	农村
金银、珠宝、首饰、名表等	20.2	25.6	10.8
高档箱包、服饰	2.6	3.6	0.9
珍贵动植物、古董或古玩、字画或艺术品	1.8	2.3	0.8
其他	0.6	0.7	0.5
以上都没有	77.4	71.1	88.1

注：家庭的奢侈品拥有情况为多项选择题。

6.2.3 耐用品和其他非金融资产的市值

耐用品和其他非金融资产的市值是衡量家庭财富和生活水平的重要指标之一，在我国城乡家庭之间存在明显差异。

如图 6-6 所示，从全国范围来看，家庭的耐用品和其他非金融资产总价值为28 089元。其中，城镇家庭的户均总价值为 35 446 元，而农村家庭的户均总价值为 15 457 元。城镇家庭的总价值中位数约为农村家庭的 2.3 倍。这一数据进一步凸显了城乡家庭在耐用品和其他非金融资产方面的差距。这种差距提示我们，在推进乡村全面振兴、实现城乡一体化发展、提高农村居民生活水平方面仍需努力。

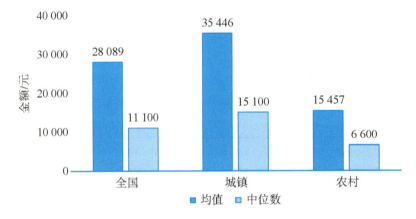

图 6-6　我国家庭的耐用品和其他非金融资产总价值

7 家庭金融资产

7.1 银行存款

7.1.1 活期存款

表 7-1 展示了我国家庭的活期存款持有情况。数据显示，全国有 61.7% 的家庭持有活期存款。在持有活期存款的家庭中，持有金额均值为 46 491 元，中位数为 14 921 元。

分城乡来看，城镇家庭中持有活期存款的比例为 68.6%，持有金额均值为 56 263 元，高于全国平均水平，中位数为 20 000 元；相比之下，农村家庭中持有活期存款的比例为 50.0%，持有金额均值为 23 478 元，低于全国平均水平，中位数为 10 000 元。这反映出城镇家庭在活期存款持有方面具有明显优势，而农村家庭的持有率相对较低。

分区域来看，东部地区家庭中持有活期存款的比例为 65.0%，持有金额均值为 74 422 元，中位数为 20 000 元。东部地区经济较为发达，持有活期存款的家庭比例和持有金额均处于较高水平，显示出这些地区的家庭在金融资产配置上的显著优势。中部地区家庭中持有活期存款的比例为 60.1%，持有金额均值为 32 067 元；西部地区家庭中持有活期存款的比例为 61.7%，持有金额均值为 34 601 元。这两个地区在持有家庭比例方面接近全国平均水平，但在持有活期存款的家庭中，持有金额均值明显低于东部地区家庭，进一步凸显了区域间的经济发展差异。东北地区家庭中持有活期存款的比例为 55.1%，持有金额均值为 28 130 元，在各区域中相对较低。

总体而言，城乡家庭及不同区域家庭在活期存款持有状况上存在明显差异。这种差异不仅反映了家庭经济状况的不同，也体现了各地区在经济发展水平和金融环境上的特点。

表 7-1　我国家庭的活期存款持有情况

区域	持有活期存款的家庭比例/%	均值/元	中位数/元
全国	61.7	46 491	14 921
城镇	68.6	56 263	20 000
农村	50.0	23 478	10 000

表7-1(续)

区域	持有活期存款的家庭比例/%	均值/元	中位数/元
东部	65.0	74 422	20 000
中部	60.1	32 067	10 000
西部	61.7	34 601	11 000
东北	55.1	28 130	10 000

注：上述均值和中位数均来自持有该类资产的家庭。

表7-2依据户主年龄段分析了我国家庭的活期存款持有状况。数据显示，在户主年龄为16~25周岁的家庭中，持有活期存款的比例达72.0%，持有金额均值为68 708元，中位数为16 000元；在户主年龄为26~35周岁的家庭中，持有活期存款的比例为73.5%；在户主年龄为36~45周岁的家庭中，持有活期存款的比例为73.1%；在户主年龄为46~55周岁的家庭中，持有活期存款的比例有所下滑，为67.0%；在户主年龄为56周岁及以上的家庭中，持有活期存款的比例最低，仅为54.9%。

总体来看，在户主年龄为26周岁及以上的家庭中，随着户主年龄的增长，持有活期存款的家庭比例呈现出阶梯式下降的态势。

表7-2　不同户主年龄段家庭的活期存款持有情况

户主年龄段	持有活期存款的家庭比例/%	均值/元	中位数/元
16~25周岁	72.0	68 708	16 000
26~35周岁	73.5	59 452	21 237
36~45周岁	73.1	53 318	20 000
46~55周岁	67.0	54 498	15 000
56周岁及以上	54.9	37 113	10 000

注：上述均值和中位数均来自持有该类资产的家庭。

表7-3依据户主学历分组汇报了我国家庭的活期存款持有情况。数据显示，户主的学历水平对家庭的活期存款持有状况有显著影响。

具体来看，在户主没上过学的家庭中，持有活期存款的比例仅为34.4%，持有金额均值为10 793元，中位数为3 000元，处于最低水平；在户主学历为小学的家庭中，持有活期存款的比例为46.3%，其持有金额均值、中位数较户主没上过学的家庭有所提升；在户主学历为初中的家庭中，持有活期存款的比例为61.5%；在户主学历为高中、中专、职高的家庭中，持有活期存款的比例为70.7%；在户主学历为大专、高职的家庭中，持有活期存款的比例为79.8%。由此可见，随着户主学历的提升，持有活期存款的家庭比例显著增加。当户主学历为本科及以上时，持有活期存款的家庭比例达到82.1%，持有金额均值为

82 784 元，中位数为 30 000 元。

总体而言，户主学历越高，则持有活期存款的家庭比例就越高，且高学历家庭的活期存款金额也相对较高。

表 7-3　不同户主学历层次家庭的活期存款持有情况

户主学历	持有活期存款的家庭比例/%	均值/元	中位数/元
没上过学	34.4	10 793	3 000
小学	46.3	23 277	7 000
初中	61.5	45 169	10 000
高中、中专、职高	70.7	46 287	20 000
大专、高职	79.8	58 402	20 000
本科及以上	82.1	82 784	30 000

注：上述均值和中位数均来自持有该类资产的家庭。

7.1.2　定期存款

表 7-4 展示了我国家庭的定期存款持有情况。从全国范围来看，持有定期存款的家庭比例为 29.5%。在持有定期存款的家庭中，持有金额均值为 141 211 元，中位数为 55 000元。

分城乡来看，城镇家庭中持有定期存款的占 36.4%，持有金额均值为 162 783 元，中位数为 76 174 元；而农村家庭中持有定期存款的占 17.7%，持有金额均值为 65 168 元，中位数为 30 000 元。这表明城镇家庭在定期存款持有金额方面显著高于农村家庭。

分区域来看，东部地区家庭中持有定期存款的占 36.0%，持有金额均值高达 197 019元，显示出显著的经济优势。相比之下，其他区域持有定期存款的家庭比例相对较低，中部地区为 28.6%，西部地区为 24.8%，东北地区为 29.5%，且持有规模相对较小。其中，东北地区持有定期存款的家庭，其持有规模最小，持有金额均值为 96 812 元。

表 7-4　我国家庭的定期存款持有情况

区域	持有定期存款的家庭比例/%	均值/元	中位数/元
全国	29.5	141 211	55 000
城镇	36.4	162 783	76 174
农村	17.7	65 168	30 000
东部	36.0	197 019	99 999
中部	28.6	105 842	50 000

表7-4(续)

区域	持有定期存款的家庭比例/%	均值/元	中位数/元
西部	24.8	111 679	50 000
东北	29.5	96 812	50 000

注：上述均值和中位数均来自持有该类资产的家庭。

表 7-5 依据户主年龄段分析了我国家庭的定期存款持有情况。家庭持有比例在户主年龄段不同的情况下略有差异，但整体波动不大。其中，在户主年龄为 16~25 周岁的家庭中，持有定期存款的比例最高，达到 31.0%；而在户主年龄为 56 周岁及以上的家庭中，持有定期存款的比例最低，为 29.1%。

在持有规模方面，户主年龄段不同的家庭也表现出一定的差异。其中，户主年龄在 56 周岁及以上的家庭，其定期存款持有规模最大，持有金额均值为 153 994 元，中位数为 63 095元。相比之下，户主处于其他年龄段的家庭，持有金额均值较为接近，但户主年龄在 16~25 周岁的家庭，持有金额中位数最低，仅为 23 254 元。

总体而言，户主年龄段不同的家庭对持有定期存款的偏好较为一致，但户主为中老年群体的家庭，其持有规模相对更大。

表 7-5 不同户主年龄段家庭的定期存款持有情况

户主年龄段	持有定期存款的家庭比例/%	均值/元	中位数/元
16~25 周岁	31.0	129 667	23 254
26~35 周岁	30.8	128 166	50 000
36~45 周岁	29.4	122 018	50 000
46~55 周岁	30.2	128 793	50 000
56 周岁及以上	29.1	153 994	63 095

注：上述均值和中位数均来自持有该类资产的家庭。

表 7-6 依据户主学历分组汇报了我国家庭的定期存款持有情况。数据显示，户主的学历水平对持有定期存款的家庭比例和持有规模有显著影响。

从持有定期存款的家庭比例来看，户主没上过学的家庭占比最低，仅有 11.0%；户主学历为小学的家庭，其占比提升至 18.1%；户主学历为初中的家庭，其占比进一步提升至 28.4%；户主学历为高中、中专、职高的家庭，其占比为 36.9%；户主学历为大专、高职的家庭，其占比达 45.2%；而户主学历为本科及以上的家庭，其占比回落至 43.3%。

从持有规模来看，户主学历层次越高，则定期存款的持有金额均值与中位数也越高。具体而言，在户主没上过学的家庭中，持有金额均值为 50 247 元，中位数为 20 000 元；而在户主学历为本科及以上的家庭中，持有金额均值最高，达到 248 107 元，中位数为

100 000 元。这表明户主的学历水平与家庭的定期存款持有规模呈正相关关系。

表 7-6　不同户主学历层次家庭的定期存款持有情况

户主学历	持有定期存款的家庭比例/%	均值/元	中位数/元
没上过学	11.0	50 247	20 000
小学	18.1	80 619	40 000
初中	28.4	115 251	50 000
高中、中专、职高	36.9	142 803	60 000
大专、高职	45.2	176 287	100 000
本科及以上	43.3	248 107	100 000

注：上述均值和中位数均来自持有该类资产的家庭。

7.2　理财产品

7.2.1　互联网（宝宝类）理财产品持有情况

常见的第三方支付账户包括支付宝、微信支付、京东钱包等。本书将第三方支付账户的余额视为互联网（宝宝类）理财产品，涵盖无利息部分（如支付宝余额、微信零钱）和有利息部分（如余额宝资金、微信零钱通资金）。

表 7-7 展示了我国家庭的互联网（宝宝类）理财产品持有情况。数据显示，从全国范围来看，持有第三方支付账户的家庭比例达到 69.1%。整体来看，持有互联网（宝宝类）理财产品的家庭比例为 58.2%。在持有该类产品的家庭中，互联网（宝宝类）理财产品的金额均值为 6 967 元，中位数为 1 500 元。

分城乡来看，城镇家庭持有第三方支付账户的比例为 76.7%，持有互联网（宝宝类）理财产品的比例为 63.9%，均远超农村家庭的 56.2% 与 48.4%。在持有规模方面，城镇家庭也明显大于农村家庭。

分区域来看，东部地区在相关指标上处于领先地位：持有第三方支付账户的家庭比例为 71.9%，互联网（宝宝类）理财产品的家庭持有金额均值为 8 346 元。中部地区和西部地区的持有家庭比例及持有金额均值较为接近。相比之下，东北地区较低，持有互联网（宝宝类）理财产品的家庭比例为 51.4%，家庭持有金额均值为 4 696 元。

总体而言，受经济活跃程度、居民观念等因素的影响，城乡家庭及不同区域家庭在互联网（宝宝类）理财产品持有方面存在显著差异。

表 7-7 我国家庭的互联网（宝宝类）理财产品持有情况

区域	持有第三方支付账户的家庭比例/%	持有互联网（宝宝类）理财产品的家庭比例/%	均值/元	中位数/元
全国	69.1	58.2	6 967	1 500
城镇	76.7	63.9	7 579	2 000
农村	56.2	48.4	5 578	1 000
东部	71.9	60.7	8 346	2 000
中部	66.5	57.4	6 680	2 000
西部	70.2	58.3	6 467	1 087
东北	61.9	51.4	4 696	1 000

注：本部分分析了第三方支付账户的开通及使用情况。上述均值和中位数均来自持有该类资产的家庭。

表 7-8 依据户主年龄段分析了我国家庭的互联网（宝宝类）理财产品持有情况。数据显示，在户主年龄段不同的家庭中，持有情况有所差异。

具体来看，在户主年龄为 16~25 周岁的家庭中，持有第三方支付账户的比例高达 98.5%，持有互联网（宝宝类）理财产品的比例为 76.7%，反映出年轻家庭对新兴互联网金融产品的接受度较高。在户主年龄为 26~35 周岁的家庭中，持有第三方支付账户的比例为 95.5%，持有互联网（宝宝类）理财产品的比例为 72.7%。在户主年龄为 36~45 周岁的家庭中，持有第三方支付账户的比例与持有互联网（宝宝类）理财产品的比例，同户主年龄在 26~35 周岁的家庭较为接近。在户主年龄为 46~55 周岁的家庭中，持有第三方支付账户的比例略有下降。而在户主年龄为 56 周岁及以上的家庭中，持有第三方支付账户和互联网（宝宝类）理财产品的比例均明显下降，且持有规模也相对较小。

总体而言，随着户主年龄的增长，持有第三方支付账户和互联网（宝宝类）理财产品的家庭比例呈现下降趋势。由此可见，年轻家庭对新兴互联网金融产品的接受度和参与度更高。

表 7-8 不同户主年龄段家庭的互联网（宝宝类）理财产品持有情况

户主年龄段	持有第三方支付账户的家庭比例/%	持有互联网（宝宝类）理财产品的家庭比例/%	均值/元	中位数/元
16~25 周岁	98.5	76.7	8 511	2 000
26~35 周岁	95.5	72.7	11 862	2 000
36~45 周岁	94.4	75.8	8 158	2 000
46~55 周岁	88.5	76.7	6 579	1 714
56 周岁及以上	50.1	43.1	5 759	1 100

注：上述均值和中位数均来自持有该类资产的家庭。

表 7-9 依据户主学历层次分析了我国家庭的互联网（宝宝类）理财产品持有情况。数据显示，户主的学历水平对家庭参与互联网理财有显著影响。

具体来看，在户主没上过学的家庭中，持有第三方支付账户的比例为 25.5%，持有互联网（宝宝类）理财产品的比例为 19.0%。整体来讲，随着户主学历水平的提升，持有第三方支付账户和互联网（宝宝类）理财产品的家庭比例及家庭持有金额均明显增加，如在户主学历为本科及以上的家庭中，持有第三方支付账户的比例高达 95.6%，持有互联网（宝宝类）理财产品的比例虽然有所回落，但仍然较高，达 73.5%，家庭持有金额均值为13 149 元。

总体而言，户主的学历水平越高，则持有互联网（宝宝类）理财产品的家庭比例就越高，且家庭持有规模也越大。这显示出高学历家庭对互联网（宝宝类）理财产品的接受度与参与度更高。

表 7-9　不同户主学历层次家庭的互联网（宝宝类）理财产品持有情况

户主学历	持有第三方支付账户的家庭比例/%	持有互联网（宝宝类）理财产品的家庭比例/%	均值/元	中位数/元
没上过学	25.5	19.0	2 813	500
小学	45.9	39.0	4 244	1 000
初中	71.2	61.5	5 269	1 148
高中、中专、职高	82.5	71.3	7 821	1 698
大专、高职	92.5	75.7	8 733	2 000
本科及以上	95.6	73.5	13 149	3 000

注：上述均值和中位数均来自持有该类资产的家庭。

7.2.2　传统理财产品持有状况

（1）传统理财产品持有情况

金融理财产品是针对特定目标客户群设计、开发并销售的用于资金投资和管理的产品，其发行主体通常包括商业银行、保险公司、证券公司、基金公司、信托公司等。本书将除互联网（宝宝类）理财产品以外的金融理财产品统称为传统理财产品。

表 7-10 展示了我国家庭的传统理财产品持有情况。从全国范围来看，持有传统理财产品的家庭比例为 7.8%，持有金额均值为 274 560 元，中位数为 100 000 元。

分城乡来看，城镇地区持有传统理财产品的家庭比例为 11.6%，持有金额均值为286 889元，显著高于农村地区的 1.3% 和 79 949 元。由此可见，城乡家庭在传统理财产品持有方面存在显著差异。

分区域来看，东部地区持有传统理财产品的家庭比例最高，为 12.2%，持有金额均值为 385 496 元；中部地区、西部地区和东北地区在持有家庭比例和家庭持有金额均值上相对偏低。这一分布趋势反映出不同区域家庭的理财能力和财富水平存在较大差异。

表 7-10　我国家庭的传统理财产品持有情况

区域	持有传统理财产品的家庭比例/%	均值/元	中位数/元
全国	7.8	274 560	100 000
城镇	11.6	286 889	100 000
农村	1.3	79 949	50 000
东部	12.2	385 496	200 000
中部	5.4	184 078	80 000
西部	6.6	162 678	100 000
东北	3.7	194 598	73 639

注：上述均值和中位数均来自持有该类资产的家庭。

表 7-11 依据户主年龄段分析了我国家庭的传统理财产品持有情况。数据显示，户主年龄段不同的家庭在传统理财产品持有方面表现各异。

具体而言，在户主年龄为 16~25 周岁的家庭中，持有传统理财产品的比例为 12.2%，持有金额均值为 83 027 元，这反映出年轻家庭虽然只拥有少量资金，但勇于尝试新的理财途径。在户主年龄为 26~35 周岁的家庭中，持有传统理财产品的比例增加至 15.0%，持有金额均值为 174 232 元。在户主年龄为 36~45 周岁的家庭中，持有传统理财产品的比例为 11.9%，稍有回落，这可能是因为户主年龄在这个阶段的家庭因支出增多而对理财更为谨慎。在户主年龄为 46~55 周岁的家庭中，持有传统理财产品的比例降低至 7.7%。在户主年龄为 56 周岁及以上的家庭中，持有传统理财产品的比例为 5.9%，反映出这个年龄阶段的户主在风险偏好方面更为保守。

表 7-11　不同户主年龄段家庭的传统理财产品持有情况

户主年龄段	持有传统理财产品的家庭比例/%	均值/元	中位数/元
16~25 周岁	12.2	83 027	20 000
26~35 周岁	15.0	174 232	80 000
36~45 周岁	11.9	272 089	100 000
46~55 周岁	7.7	264 995	100 000
56 周岁及以上	5.9	318 401	150 000

注：上述均值和中位数均来自持有该类资产的家庭。

表 7-12 依据户主学历层次分析了我国家庭的传统理财产品持有情况。数据显示，户主的学历水平显著影响着家庭对传统理财产品的持有行为。

具体来看，在户主没上过学的家庭中，持有传统理财产品的比例仅 0.2%；在户主学历为小学的家庭中，持有传统理财产品的比例增加至 1.0%；在户主学历为初中的家庭中，持有传统理财产品的比例为 4.4%。由此可见，随着户主学历的提升，持有传统理财产品的家庭比例逐渐增加。在户主学历为本科及以上的家庭中，持有传统理财产品的比例达到 29.7%，且持有规模更大，持有金额均值达到 320 858 元。

总体来看，相比户主学历较低的家庭，户主学历较高的家庭对传统理财产品的接受度、参与度都更高。

表 7-12　不同户主学历层次家庭的传统理财产品持有情况

户主学历	持有传统理财产品的家庭比例/%	均值/元	中位数/元
没上过学	0.2	22 728	20 753
小学	1.0	116 510	72 257
初中	4.4	255 471	100 000
高中、中专、职高	9.5	252 694	100 000
大专、高职	17.6	267 285	100 000
本科及以上	29.7	320 858	150 000

注：上述均值和中位数均来自持有该类资产的家庭。

（2）传统理财产品购买渠道

表 7-13 展示了我国家庭在购买传统理财产品时的渠道选择。数据显示，从全国范围来看，商业银行是最受欢迎的购买渠道，选择通过这一渠道进行购买的家庭占 65.6%。具体来看，城镇家庭中选择商业银行的比例为 66.7%，而农村家庭的比例为 49.3%。证券公司位居其次，全国家庭中有 22.4% 选择通过证券公司购买传统理财产品，其中城镇家庭的比例为 22.6%，农村家庭的比例为 18.6%。保险公司和基金公司分别位列第三位和第四位。值得注意的是，农村家庭选择保险公司的比例相对较高，达到 35.6%，而城镇家庭的比例仅为 13.1%；相反，城镇家庭选择基金公司的比例为 13.2%，明显高于农村家庭的8.4%。总体而言，相较于农村家庭，城镇家庭的传统理财产品购买渠道更为多元化。

表 7-13　我国家庭的传统理财产品购买渠道　　　　单位:%

类别	全国	城镇	农村
商业银行	65.6	66.7	49.3
保险公司	14.6	13.1	35.6

表7-13(续)

类别	全国	城镇	农村
证券公司	22.4	22.6	18.6
基金公司	12.9	13.2	8.4
其他渠道	3.8	3.9	2.0

注：此部分涉及多选题，因此纵向加总可能超过100%。

表7-14依据户主年龄段分析了我国家庭的传统理财产品购买渠道。数据显示，户主年龄段不同的家庭在选择购买传统理财产品的渠道方面存在显著差异。

具体而言，户主年龄在16~25周岁的家庭更倾向于选择基金公司，占比为46.9%，表明这部分家庭更愿意追求较高收益且乐于尝试新鲜事物；而选择商业银行的比例为38.8%，相对较低。

在户主年龄为26~35周岁的家庭中，选择商业银行的占比升至59.8%。由此可见，这部分家庭对确保资金安全性的需求较大，此外选择保险公司和证券公司的家庭占比也有所提升。

在户主年龄为36~45周岁的家庭中，选择证券公司的比例进一步提高至27.6%。这反映出随着家庭财富的积累，投资渠道变得更加多元化。

在户主年龄为46~55周岁和56周岁及以上的家庭中，选择商业银行的占比分别达到61.1%和75.9%，显示出户主处于这两个年龄段的家庭在理财风格上更趋于保守，使得商业银行的主导地位更加突出。

总体来看，户主年龄对家庭选择传统理财产品购买渠道有较大影响。

表7-14 不同户主年龄段家庭的金融理财产品购买渠道 单位:%

类别	16~25周岁	26~35周岁	36~45周岁	46~55周岁	56周岁及以上
商业银行	38.8	59.8	55.5	61.1	75.9
保险公司	11.4	16.2	17.4	18.2	10.8
证券公司	7.2	21.1	27.6	24.7	19.4
基金公司	46.9	28.4	18.5	9.4	6.4
其他渠道	14.6	4.7	3.5	4.4	2.8

（3）传统理财产品的选择依据

表7-15展示了我国家庭在选择传统理财产品时的依据。从全国范围来看，家庭在选择传统理财产品时，"风险较低"以58.2%的占比成为首要考量因素。城镇家庭中选择这一依据的比例更是高达60.2%，显示出城镇家庭具有较强的风险规避意识。其次是"收益

较高"，全国家庭中选择这一依据的比例为 35.6%，且城乡家庭之间的差异不大。排在第三位的是"商业银行等机构的工作人员推荐"，全国家庭中选择这一依据的占比为 25.6%，且农村家庭的比例更高，为 30.2%。"流动性较好"和"亲戚朋友介绍"分别排在第四位和第五位，其中选择"流动性较好"的城镇家庭比例更高，而选择"亲戚朋友介绍"的农村家庭比例更高。

总体来看，农村家庭在选择传统理财产品时更多地依靠推介，如亲戚朋友的介绍、商业银行等机构的工作人员的推荐，反映出城乡家庭在信息接收方式上有所不同。对农村家庭而言，社交网络和线下推荐的作用更为有效。这提示金融机构在推广传统理财产品时，应更加注重在农村地区的线下渠道建设和社交网络利用，以更好地满足农村家庭的信息需求。

表 7-15　我国家庭的传统理财产品选择依据　　　　　　　　　　单位:%

类别	全国	城镇	农村
收益较高	35.6	35.7	33.8
风险较低	58.2	60.2	26.9
流动性较好	21.0	22.0	4.1
亲戚朋友介绍	16.2	15.3	29.4
网络、手机等推送的信息	5.3	5.5	1.7
商业银行等机构的工作人员推荐	25.6	25.3	30.2

注：此部分涉及多选题，因此纵向加总可能超过 100%。

表 7-16 依据户主年龄段分析了我国家庭在选择传统理财产品时的依据。数据显示，户主年龄段不同的家庭在选择传统理财产品时的依据各有不同。其中，户主年龄为 16~25 周岁的家庭在选择传统理财产品时受"网络、手机等推送的信息"影响最大，占比达 56.5%，表明这部分家庭对线上信息更加敏感；其次是"亲戚朋友介绍"，选择这一依据的家庭占比为 51.2%，表明社交网络的推荐作用也较为显著。随着户主年龄的增长，"收益较高"和"风险较低"这两个因素越发受到重视，在户主年龄为 26~35 周岁的家庭中，选择这两个依据的比例分别为 36.6% 和 52.0%。此外，在户主为中老年群体的家庭中，选择"商业银行等机构的工作人员推荐"的比例也明显增加，反映出这部分家庭对专业机构的信赖。这提示金融机构在推广传统理财产品时，应根据不同年龄段客户的特点，采用多样化的营销策略，以更好地满足不同客户群体的需求。

表7-16　不同户主年龄段家庭的传统理财产品选择依据　　　单位:%

类别	16~25 周岁	26~35 周岁	36~45 周岁	46~55 周岁	56 周岁及以上
收益较高	18.3	36.6	32.0	36.0	37.5
风险较低	42.3	52.0	61.2	57.8	59.3
流动性较好	11.0	21.8	30.4	18.1	18.1
亲戚朋友介绍	51.2	20.4	12.7	22.9	11.3
网络、手机等推送的信息	56.5	10.2	6.4	2.9	2.7
商业银行等机构的工作人员推荐	1.7	17.7	21.8	23.1	32.3

7.3　股票

7.3.1　账户拥有比例

（1）账户开通情况

表7-17展示了股票账户开通比例及持股家庭占比。从全国范围来看，2021年有7.0%的家庭开通了股票账户，其中城镇家庭的开通比例为10.8%，远超农村家庭的0.7%，凸显了城乡家庭之间在股票投资上的显著差异。分区域来看，东部地区家庭的开通比例为11.1%，中部地区、西部地区和东北地区家庭的开通比例依次递减，反映出经济活跃度对居民股市参与度的影响。

在开通股票账户的家庭中，全国有89.6%的家庭有炒股经历，其中城镇家庭的比例为90.2%，农村家庭的比例为72.1%。这表明，大部分城镇家庭在开通股票账户后参与了股市，而农村家庭的炒股活跃度相对较低。

在有炒股经历的家庭中，全国有72.8%的家庭在受访时持有股票，其中城镇家庭的比例为73.7%，农村家庭的比例为40.9%，进一步反映出城镇地区的炒股活动更为活跃。分区域来看，东部地区开通股票账户的家庭比例、有炒股经历的家庭比例均高于其他地区，分别为11.1%和92.2%；此外，在中部地区和西部地区有炒股经历的家庭中，受访时仍然持股的比例略低于其他地区，反映出这些地区有更多的股民群体退出股市。整体来看，受访时全国家庭中有4.6%持有股票，且持有股票的城镇家庭占比高于农村家庭占比，东部地区和中部地区家庭占比高于西部地区和东北地区家庭占比。

表 7-17　股票账户开通比例及持股家庭占比　　　　　　单位:%

区域	开通股票账户的家庭比例	有炒股经历的家庭比例	受访时持股家庭比例＊	受访时持股家庭比例
全国	7.0	89.6	4.6	72.8
城镇	10.8	90.2	7.1	73.7
农村	0.7	72.1	0.2	40.9
东部	11.1	92.2	7.6	74.7
中部	6.7	87.9	4.1	69.9
西部	4.9	86.8	3.0	70.2
东北	3.3	84.5	2.2	78.8

注:"有炒股经历的家庭比例"指开通了股票账户的家庭中有炒股经历的家庭占比,"受访时持股家庭比例＊"指全部家庭中在受访时持有股票的家庭占比,"受访时持股家庭比例"指有炒股经历的家庭中在受访时持有股票的家庭占比,下同。

表 7-18 展示了户主年龄与股票账户开通比例之间的关系。数据显示,户主年龄段不同的家庭在参与股票投资方面存在一定的差异。

具体来看,在户主年龄为 26~35 周岁的家庭中,开通股票账户的比例为 8.1%。在户主年龄为 36~45 周岁的家庭中,开通股票账户的比例增加至 9.5%;在户主年龄为 46~55 周岁的家庭中,开通股票账户的比例为 8.0%,稍有回落;在户主年龄为 56 周岁及以上的家庭中,开通股票账户的比例为 5.9%,进一步降低。这表明,随着户主年龄的增长,家庭的风险偏好有所改变,临近退休时,家庭对股票市场的参与度逐渐降低。

在户主为中老年群体的家庭中,有炒股经历的家庭比例和受访时持股家庭比例都较高。这说明相比户主为年轻群体的家庭,户主为中老年群体且有炒股经历的家庭更愿意继续参与股市。这可能是因为中老年群体在长期的市场参与中积累了丰富的经验,对股票市场的风险和收益有更深刻的理解。

表 7-18　户主年龄与股票账户开通比例　　　　　　单位:%

户主年龄段	开通股票账户的家庭比例	有炒股经历的家庭比例	受访时持股家庭比例＊	受访时持股家庭比例
26~35 周岁	8.1	77.1	4.3	69.9
36~45 周岁	9.5	89.1	5.8	69.2
46~55 周岁	8.0	91.8	5.7	77.7
56 周岁及以上	5.9	91.5	3.9	71.4

注:"16~25 周岁"组因样本量不足可能导致结果略有偏差,因此未汇报其结果。

表 7-19 展示了户主学历与股票账户开通比例之间的关系。数据显示，户主学历水平显著影响了家庭的股票投资参与度。

具体来看，在户主没上过学的家庭中，开通股票账户的比例极低，仅为 0.1%；在户主学历为初中的家庭中，开通股票账户的比例提升至 3.8%；在户主学历为高中、中专、职高的家庭中，开通股票账户的比例为 9.9%；在户主学历为本科及以上的家庭中，开通股票账户的比例达到 21.8%。由此可见，户主学历水平越高，则参与股票投资的家庭比例也越高。

在开通股票账户的家庭中，绝大多数进行了股票投资。例如，在户主学历为本科及以上且开通了股票账户的家庭中，有 90.7%有炒股经历。在这些有炒股经历的家庭中，超过七成在受访时仍持有股票。这反映出，一旦家庭开通了股票账户并参与股票投资，大多数家庭就会持续投身股票市场。

表 7-19　户主学历与股票账户开通比例　　　　单位:%

户主学历	开通股票账户的家庭比例	有炒股经历的家庭比例	受访时持股家庭比例 *	受访时持股家庭比例
小学	0.7	82.0	0.5	83.7
初中	3.8	88.0	2.4	73.1
高中、中专、职高	9.9	93.4	6.4	69.5
大专、高职	19.2	86.0	12.8	77.1
本科及以上	21.8	90.7	14.2	71.5

注:"没上过学"组因样本量不足可能导致结果略有偏差，所以未汇报其结果。

(2) 股票现金余额

表 7-20 统计了我国家庭的股票账户现金余额情况。数据显示，从全国范围来看，有股票账户现金余额的家庭比例为 4.5%，其中城镇家庭中有股票账户现金余额的比例为 7.0%，远超农村家庭的 0.2%。

分区域来看，东部地区有股票账户现金余额的家庭比例为 7.6%，中部地区、西部地区、东北地区的家庭比例依次递减。这反映出不同区域家庭在股市参与度上的显著差异。

在有股票账户现金余额的家庭中，从余额均值和中位数来看，全国家庭的均值为 102 072 元，城镇家庭为 103 801 元，高于农村家庭的 12 140 元。东部地区家庭的余额均值高达 137 358 元，中位数为 40 000 元；东北地区家庭的余额均值为 51 769 元，中位数为 13 797 元。这些数据进一步反映出不同区域家庭在股票账户现金余额上的差异。

表 7-20　我国家庭的股票账户现金余额情况

区域	有股票账户现金余额的家庭比例/%	均值/元	中位数/元
全国	4.5	102 072	35 311
城镇	7.0	103 801	37 762
农村	0.2	12 140	5 000
东部	7.6	137 358	40 000
中部	4.0	58 812	30 000
西部	3.0	70 943	41 762
东北	2.2	51 769	13 797

注：对指标"有股票账户现金余额的家庭比例"，其分母是有炒股经历的家庭。上述均值和中位数均来自持有该类资产的家庭。

表 7-21 依据户主学历层次分析了我国家庭的股票账户现金余额情况。数据显示，户主学历不同的家庭在股票账户现金余额持有情况上存在显著差异。

从持有比例来看，在户主学历水平越高的家庭中，拥有股票账户现金余额的比例也越高。具体而言，在户主学历为小学的家庭中，持有股票账户现金余额的比例仅 0.4%；在户主学历为高中、中专、职高的家庭中，持有股票账户现金余额的比例为 6.7%；而在户主学历为本科及以上的家庭中，该比例达 15.2%。

在持有规模方面，在户主为高学历群体的家庭中，股票账户现金余额一般也较高。户主学历为本科及以上的家庭，其股票账户现金余额均值为 137 959 元，中位数为 50 000元，均远超其他学历层次的家庭。这反映出高学历家庭具有更强的投资意愿与资金实力。

表 7-21　不同户主学历层次家庭的股票账户现金余额情况

户主学历	有股票账户现金余额的家庭比例/%	余额均值/元	余额中位数/元
小学	0.4	56 516	20 000
初中	2.2	83 319	30 000
高中、中专、职高	6.7	99 581	30 000
大专、高职	11.5	76 469	35 000
本科及以上	15.2	137 959	50 000

注：由于样本量不足可能导致"没上过学"组的结果略有偏差，因此未对其进行汇报。上述均值和中位数均来自持有该类资产的家庭。

（3）股龄

为便于叙述，本书将股龄定义如下：股票投资家庭首次炒股的时间距受访时（2021年）的年限。

表 7-22 展示了我国家庭的股龄基本情况。数据显示，在有炒股经历的家庭中，平均股龄为 15.3 年。其中，持股家庭的股龄为 15.5 年，略高于未持股家庭的 14.7 年。

总体来看，这一数据反映出我国家庭参与股票投资已有较长历史，且股票投资在部分家庭的资产配置中占据重要地位。

表 7-22　我国家庭的股龄基本情况　　　　单位：年

类别	年限
总体	15.3
未持股家庭	14.7
持股家庭	15.5

注：上述样本范围仅限于开通了股票账户且有股票投资经历的炒股家庭。

表 7-23 依据户主年龄段分析了我国家庭的股龄情况。数据显示，户主年龄段不同的家庭在股龄方面差异明显。

具体来看，在受访时的持股家庭中，户主年龄为 16~25 周岁的家庭，其股龄仅 0.9 年，表明这部分家庭作为股市的新生力量，刚涉足这一领域不久，投资经验尚浅。随着户主年龄的增长，持股家庭的股龄也在逐渐增加：户主年龄为 26~35 周岁的家庭，股龄为 6.1 年；户主年龄为 36~45 周岁的家庭，股龄升至 11.1 年；户主年龄为 46~55 周岁的家庭，股龄为 15.2 年；户主年龄为 56 周岁及以上的家庭，股龄达 18.8 年。

总体而言，家庭的股龄随着户主年龄的增长而增加，这一趋势从侧面反映出股票投资是部分家庭的长期选择。

表 7-23　不同户主年龄段家庭的股龄情况　　　　单位：年

户主年龄段	年限
16~25 周岁	0.9
26~35 周岁	6.1
36~45 周岁	11.1
46~55 周岁	15.2
56 周岁及以上	18.8

7.3.2 股票持有状况

（1）持股只数分析

表 7-24 分析了持股家庭的平均持股数量。数据显示，从全国范围来看，持股家庭在持股数量上呈现出集中与分散并存的特征。一方面，持有 1 只股票的家庭占有一定比例，为 16.8%；另一方面，持有 2~5 只股票的家庭占比也较为突出，总计超过半数。具体而言，持有 2 只股票的家庭占 22.8%，持有 3 只股票的家庭占 23.1%，持有 4~5 只股票的家庭占 23.0%。这表明多数家庭在投资时既注重适度分散风险，又兼顾成本管理与潜在收益提升，力求在波动的股市中稳健前行。

分城乡来看，农村家庭的持股集中度较高，超八成持 1~2 只股票。其中，持有 1 只股票的家庭占 41.2%，远高于城镇家庭的 16.2%；持 2 只股票的家庭占 44.8%，也高于城镇家庭的 22.3%。相比之下，城镇家庭的持股策略更为分散化，持有 3 只股票的家庭占 23.5%，持有 4~5 只股票的家庭占 23.4%，持有 6 只及以上股票的家庭占 14.6%。

总体而言，相比城乡家庭的较大差异，东部地区、中部地区、西部地区和东北地区家庭在持股数量上的差异较小，持股数量的分布相对较为均衡。

表 7-24　持股家庭的平均持股数量　　　　　　　　单位:%

持股只数	全国	城镇	农村	东部	中部	西部	东北
1 只	16.8	16.2	41.2	16.6	17.9	17.0	14.8
2 只	22.8	22.3	44.8	19.5	31.6	21.9	27.3
3 只	23.1	23.5	9.4	23.8	24.3	20.1	26.3
4~5 只	23.0	23.4	3.7	23.9	18.5	24.0	25.5
6~7 只	6.5	6.6	0.9	7.6	3.7	7.2	2.1
8~10 只	5.1	5.2	—	6.1	3.5	5.4	—
10 只以上	2.7	2.8	—	2.5	0.5	4.4	4.0

（2）持股周期分析

表 7-25 对持股家庭的平均持股周期及其分布情况进行了分析。从全国范围来看，持股家庭在持股周期上呈现出以长期持有为主的态势。其中，持有股票 12 个月以上的家庭占比最高，达到 49.5%。这反映出大部分家庭倾向于实行长期投资策略，更看重股票的长期价值，而非短期市场波动带来的套利机会。相比之下，持有 1 周以内、1 周~1 个月的家庭占比较低，分别为 2.7% 和 10.9%。

分城乡来看，城镇家庭中长期持股的比例为 50.2%，而农村家庭仅 24.1%，差距显著。此外，农村家庭中短期持股（1 周以内）的比例高达 26.2%，显示出相对频繁的操作。

分区域来看，东部地区家庭中长期持股的比例相对更高，持有 12 个月以上的家庭占

52.4%。总体而言,各区域家庭在持股周期分布上的差异较小。

表 7-25　持股家庭的平均持股周期及其分布情况　　　　　单位:%

持股周期	全国	城镇	农村	东部	中部	西部	东北
1 周以内	2.7	2.1	26.2	2.6	2.5	3.2	2.7
1 周~1 个月	10.9	10.8	14.0	6.8	9.6	19.6	16.7
1 个月以上~3 个月	13.6	13.7	10.0	15.4	10.5	13.2	9.6
3 个月以上~6 个月	13.4	13.5	6.8	11.9	14.1	17.1	7.7
6 个月以上~12 个月	9.9	9.7	18.9	10.9	11.7	5.3	16.0
12 个月以上	49.5	50.2	24.1	52.4	51.6	41.6	47.3

(3) 股票所属行业的数量分布情况

表 7-26 展示了持股家庭的股票所属行业的数量分布情况。从全国范围来看,持股家庭在持股行业数量上呈现出集中与分散相结合的特点。其中,持有股票涉及 2~3 个行业的家庭占比最高,达到 55.0%,这表明多数家庭倾向于适度分散投资。持有股票涉及 1 个行业的家庭占 24.5%,反映出部分家庭可能基于对特定行业的认知与信心而选择集中持股。持有股票涉及 4~5 个行业的家庭占比为 15.6%。持有 6 个及以上行业股票的家庭占比较低,为 4.9%。

分城乡来看,在农村家庭中,持股集中于 2~3 个行业的比例高达 70.6%,高于城镇家庭的 54.7%。城镇家庭中持有 4~5 个行业股票的比例为 16.0%,远高于农村家庭的 2.8%,表明城镇家庭的持股行业分布更为分散。

分区域来看,东部地区家庭的持股行业分布较为均衡,持有 4~5 个行业股票的家庭占 18.8%;中部地区和西部地区家庭中,持有 2~3 个行业股票的占比相对较高,分别为 59.3% 和 57.0%;东北地区家庭中持有 1 个行业股票的比例高达 42.6%,反映出该地区家庭在投资行业的选择上更为集中。

表 7-26　持股家庭的股票所属行业的数量分布情况　　　　　单位:%

数量	全国	城镇	农村	东部	中部	西部	东北
1 个行业	24.5	24.3	26.6	22.7	26.3	22.8	42.6
2~3 个行业	55.0	54.7	70.6	52.9	59.3	57.0	47.9
4~5 个行业	15.6	16.0	2.8	18.8	5.6	18.5	9.5
6 个及以上行业	4.9	5.0	—	5.6	8.8	1.7	—

（4）择股依据分析

表 7-27 展示了我国家庭在选择股票时的主要依据。从全国范围来看，家庭在选择股票时呈现出多维度考量的态势。其中，依据"公司基本面"选股的家庭占比最高，达到 31.9%，这反映出多数投资家庭深知公司内在价值的重要性，试图利用基本面因素挖掘潜力股。依据"技术分析"与"经济热点"选股的家庭分别占 11.0% 和 15.1%，表明部分投资家庭会参考股价走势、宏观经济趋势来把握投资时机。依据"亲戚朋友介绍"选股的家庭占 21.5%，反映出社交圈在投资决策中的影响力。而依据"网络、手机等推送的信息"和"专业人士或机构的建议"选股的家庭占比较小，分别为 3.7% 和 2.6%，这反映出在家庭选择股票时，自主判断仍起关键作用。

分城乡来看，城乡家庭在股票选择的主要依据上存在显著差异。依据"公司基本面"选股的城镇家庭占 32.2%，农村家庭仅占 19.9%，可见城镇家庭更看重公司基本面。农村家庭更依赖"技术分析"和"经济热点"，相应比例分别占 32.5% 和 30.5%。依据"网络、手机等推送的信息"选股的农村家庭占 14.2%，高于城镇家庭的 3.4%。此外，"亲戚朋友介绍"在城镇地区中的作用较为突出，据此选股的城镇家庭占 22.0%，而农村家庭仅占 1.3%。

综合来看，城乡家庭在股票选择的主要依据上存在显著差异，城镇家庭更倾向于依据"公司基本面"进行投资决策，而农村家庭则更依赖"技术分析"和"经济热点"，且受"网络、手机等推送的信息"影响更大。

表 7-27　我国家庭的股票选择主要依据　　　　　　　单位:%

主要依据	全国	城镇	农村
公司基本面	31.9	32.2	19.9
技术分析	11.0	10.5	32.5
经济热点	15.1	14.7	30.5
亲戚朋友介绍	21.5	22.0	1.3
网络、手机等推送的信息	3.7	3.4	14.2
专业人士或机构的建议	2.6	2.7	—
其他	14.2	14.5	1.6

（5）股票持有市值及投入情况

表 7-28 展示了持股家庭的股票市值及初始投入成本情况。从全国范围来看，持股家庭的初始投入成本（指截至访问时所持股票的初始投入）均值为 144 800 元，中位数为 60 000 元；截至访问时，股票市值均值为 190 959 元，中位数为 57 109 元。

分城乡来看，城镇家庭的股票市值均值为 193 231 元，中位数为 60 000 元，远超农村家庭的 48 399 元与 20 000 元。在初始投入成本方面，城镇家庭同样显著高于农村家庭。

这可能是由于城镇家庭拥有较高的收入,因此有更强的资金实力参与股市投资。

分区域来看,东部地区家庭的股票市值均值高达 230 605 元,初始投入成本均值为 168 710 元,均高于其他地区家庭。中部地区和西部地区家庭的股票市值和初始投入成本各有不同,其中部地区家庭的均值相对较低。东北地区家庭的股票市值均值为 65 382 元,初始投入成本均值为 70 714 元,均处于较低水平。

总体而言,城乡家庭及不同区域家庭在股票市值和初始投入成本方面存在显著差异,反映出这些家庭在资金实力和投资行为上的不同特点。

表 7-28　持股家庭的股票市值及初始投入成本　　　　　　　　　　单位:元

区域	股票市值		初始投入成本	
	均值	中位数	均值	中位数
全国	190 959	57 109	144 800	60 000
城镇	193 231	60 000	147 750	60 000
农村	48 399	20 000	32 274	10 000
东部	230 605	80 171	168 710	70 000
中部	121 101	50 000	97 474	50 000
西部	185 485	50 000	151 598	60 000
东北	65 382	39 479	70 714	30 000

表 7-29 展示了持股家庭的炒股盈亏状况。从全国范围来看,在 2021 年的持股家庭中,盈利的占比为 21.0%,表明部分投资者在这一年的股市博弈中有所收益。然而,亏损家庭占比高达 42.9%,约为盈利家庭数量的两倍。此外,持平家庭占比 19.2%,另有 16.9% 的家庭在这一年中未进行股票买卖。

分城乡来看,城镇地区的盈利家庭占比为 21.3%,略高于全国平均水平,但亏损家庭占比也较高,达到 43.3%。相比之下,农村地区的盈利家庭占比仅为 10.5%,亏损家庭占比为 26.8%,持平家庭占比为 23.0%,而未进行股票买卖的家庭占比高达 39.7%。

表 7-29　持股家庭的炒股盈亏状况　　　　　　　　　　单位:%

盈亏状况	全国	城镇	农村
盈利	21.0	21.3	10.5
亏损	42.9	43.3	26.8
持平	19.2	19.1	23.0
未进行买卖	16.9	16.3	39.7

表 7-30 展示了持股家庭的炒股盈亏金额分布情况（仅包含 2020 年进行了股票买卖的样本）。

在盈利方面，家庭的盈利金额主要集中在 1 万元以下，在这个盈利区间的全国家庭占比为 8.6%，城镇家庭占比为 8.5%，农村家庭占比略高，达到 11.7%。在其他盈利区间分布上，城镇家庭占比都高于农村家庭。

在亏损方面，家庭的亏损金额主要集中在 1 万元以下和 1 万元~3 万元。从全国范围来看，这两个亏损区间的家庭占比分别为 17.8% 和 16.1%。具体来看，城镇家庭占比分别为 17.6% 和 16.4%，而农村家庭中亏损 1 万元以下的占比更高，达到 27.1%。

总体而言，城镇地区处于高盈利区间的家庭占比高于农村地区，而农村地区处于高亏损区间的家庭占比高于城镇地区。

表 7-30　持股家庭的炒股盈亏金额分布情况　　　　　　　　单位:%

盈亏区间	全国	城镇	农村
亏损 10 万元以上	3.4	3.1	17.4
亏损 5 万元（不含）~10 万元	5.9	6.0	0.0
亏损 3 万元（不含）~5 万元	8.4	8.5	0.0
亏损 1 万元~3 万元	16.1	16.4	0.0
亏损 1 万元以下	17.8	17.6	27.1
持平	23.1	22.9	38.1
盈利 1 万元以下	8.6	8.5	11.7
盈利 1 万元~3 万元	5.2	5.2	3.4
盈利 3 万元（不含）~5 万元	2.9	3.0	0.0
盈利 5 万元（不含）~10 万元	5.2	5.3	0.0
盈利 10 万元以上	3.4	3.5	2.3

（6）非公开交易股票持有情况

表 7-31 分析了持股家庭中持有非公开交易股票的家庭占比情况。数据显示，持有非公开交易股票的家庭仅占所有持股家庭的 1.5%。这说明在持股家庭中，绝大多数仅持有公开交易的股票，而持有非公开交易股票的家庭相对较少。

表 7-31　持股家庭中持有非公开交易股票的家庭占比　　　　　　　　单位:%

持有情况	全国
持有	1.5
未持有	98.5

7.4 基金

7.4.1 账户拥有比例

(1) 基金持有比例

表7-32展示了我国家庭的基金持有情况。从全国范围来看，持有基金的家庭占比为3.2%。其中，城镇家庭占比为4.8%，农村家庭仅占0.4%。分区域来看，东部地区持有基金的家庭比例最高，达到5.1%，而东北地区持有基金的家庭比例最低，为0.9%。

进一步分析持股家庭的基金持有比例，在全国持股家庭中，持有基金的家庭占比为25.6%，显著高于全国整体水平（3.2%）。这说明，与未持股家庭相比，持股家庭的投资组合更为多元化。同时，这反映出在股民群体中，基金市场仍有较大的发展潜力。分城乡来看，城镇地区持股家庭中持有基金的比例显著高于农村地区持股家庭。分区域来看，东北地区持股家庭中持有基金的比例相对较低，为11.5%；而在其他区域持股家庭中，持有基金的家庭比例都在20%以上，部分地区甚至接近30%。

表7-32 我国家庭的基金持有情况　　单位:%

区域	持有基金的家庭比例	持股家庭中持有基金的比例
全国	3.2	25.6
城镇	4.8	25.7
农村	0.4	15.1
东部	5.1	26.2
中部	2.2	22.5
西部	2.7	29.2
东北	0.9	11.5

表7-33依据户主年龄段分析了我国家庭的基金持有情况。数据显示，在户主年龄为26~35周岁的家庭中，持有基金的比例相对较高，达到7.4%。随着户主年龄的增长，持有基金的家庭比例逐渐降低，如在户主年龄为46~55周岁的家庭中，持有基金的比例为3.7%；而在户主年龄为56周岁及以上的家庭中，持有基金的比例仅为1.8%。

从持股家庭的基金持有情况来看，在户主为年轻群体的持股家庭中，持有基金的家庭比例较高。例如，在户主年龄为26~35周岁的持股家庭中，持有基金的家庭占比达到33.4%；而在户主年龄为56周岁及以上的持股家庭中，持有基金的家庭占比仅为18.5%。

由此可见，户主年龄段不同的家庭在基金投资意愿上存在较大差异，年轻家庭更倾向于将基金纳入其投资组合。

表 7-33　不同户主年龄段家庭的基金持有情况　　　　单位:%

户主年龄段	持有基金的家庭比例	持股家庭中持有基金的比例
26~35 周岁	7.4	33.4
36~45 周岁	5.5	34.7
46~55 周岁	3.7	29.0
56 周岁及以上	1.8	18.5

注:"16~25 周岁"组因样本量不足可能导致结果略有偏差，所以未汇报其结果。

表 7-34 依据户主学历层次分析了我国家庭的基金持有情况。数据显示，户主学历水平不同的家庭在基金持有比例上差异明显。

具体来看，在户主学历为小学的家庭中，持有基金的占比仅为 0.4%；在户主学历为初中的家庭中，持有基金的比例为 1.1%。随着户主学历的提升，持有基金的家庭比例逐渐增加：在户主学历为高中、中专、职高的家庭中，持有基金的占比为 3.8%；在户主学历为大专、高职的家庭中，持有基金的比例为 8.5%；在户主学历为本科及以上的家庭中，持有基金的比例增加至 13.9%。

在持股家庭中，同样表现出户主学历越高，则持有基金的家庭比例越高的趋势。例如，在户主学历为本科及以上的持股家庭中，持有基金的比例高达 36.4%。这表明，户主学历水平不仅影响家庭是否持有基金，还影响其在投资组合中对基金的配置。

表 7-34　不同户主学历层次家庭的基金持有情况　　　　单位:%

户主学历	持有基金的家庭比例	持股家庭中持有基金的比例
小学	0.4	8.0
初中	1.1	18.3
高中、中专、职高	3.8	20.2
大专、高职	8.5	26.5
本科及以上	13.9	36.4

注:"没上过学"组因样本量不足可能导致结果略有偏差，所以未汇报其结果。

（2）基金投资年限

表 7-35 展示了我国家庭开始投资基金的时间分布情况。数据显示，从全国范围来看，家庭投资基金的起始时间呈现出明显的阶段性特点。

具体来看，2004 年以前开始投资基金的家庭占 8.4%，说明早期参与者相对较少；

2004—2009 年开始投资基金的家庭比例升至 16.5%；2010—2016 年开始投资基金的家庭比例为 15.1%；2017—2018 年开始投资的比例为 11.3%；2019—2020 年开始投资的比例达到 40.3%；2021 年开始投资基金的家庭比例为 8.4%。

分城乡来看，城镇家庭投资基金的起步时间略早，有 8.5%的家庭在 2004 年以前就开始投资基金；而农村地区有 56.5%的家庭在 2019—2020 年才开始投资基金。

总体而言，截至调查年份（2021 年），全国家庭的基金平均投资年限为 6.3 年，其中城镇家庭为 6.4 年，农村家庭为 4.9 年。这表明，尽管城镇家庭在投资基金方面起步较早，但近年来农村家庭的参与度显著提升。

表 7-35   开始投资基金的时间分布情况

类别	全国	城镇	农村
2004 年以前开始投资的比例/%	8.4	8.5	5.0
2004—2009 年开始投资的比例/%	16.5	16.3	18.9
2010—2016 年开始投资的比例/%	15.1	15.9	1.3
2017—2018 年开始投资的比例/%	11.3	11.3	10.7
2019—2020 年开始投资的比例/%	40.3	39.5	56.5
2021 年开始投资的比例/%	8.4	8.5	7.6
平均投资年限/年	6.3	6.4	4.9

7.4.2　基金持有状况

（1）基金持有类型

表 7-36 展示了我国家庭的基金主要持有类型。数据显示，从全国范围来看，持有基金的家庭在基金类型选择上呈现出多元化态势。

具体而言，混合型基金最受欢迎，选择这一类型的家庭占比达 49.1%。这可能是由于其兼顾了股票与债券的特性，能够实现风险与收益的相对平衡，因此能契合多数投资者的需求。股票型基金以 36.0%的持有家庭比例位居第二。分城乡来看，城镇家庭中持有股票型基金的比例为 37.1%，显著高于农村家庭的 14.9%。这一差异反映出城镇地区的投资者具有更强的风险承受力，更愿意参与权益市场。

持有债券型基金与货币市场基金的家庭占比分别为 14.4%和 13.4%，且城镇地区的持有家庭比例均高于农村地区的持有家庭比例。

此外，商品型基金、投资于境外市场的证券投资基金（QDII 型基金）、交易型开放式指数基金（ETF 基金）等也各有其受众群体。其中，持有 ETF 基金的家庭占比为 11.2%，且城镇地区的持有家庭比例高于农村地区的持有家庭比例。

总体而言，我国家庭持有的基金以混合型为主，且城镇地区持有各类基金的家庭占比大多相对更高。

表 7-36　我国家庭的基金主要持有类型　　　　　　　　　单位:%

类型	全国	城镇	农村
股票型基金	36.0	37.1	14.9
债券型基金	14.4	14.6	11.7
货币市场基金	13.4	13.6	9.5
混合型基金	49.1	49.6	39.8
QDII 型基金	2.3	2.2	4.1
商品型基金	3.6	3.3	8.1
ETF 基金	11.2	11.4	7.0
其他	1.6	1.4	4.9

注:此部分涉及多选题，因此纵向加总可能超过 100%。

表 7-37 进一步展示了我国家庭在基金类型上的持有数量。数据显示，从全国范围来看，超过半数的家庭倾向于持有单一基金产品。

具体来看，持有 1 种基金的全国家庭占 67.0%。其中，城镇家庭占 66.4%，农村家庭占比高达 83.1%。这表明，大部分家庭，尤其是农村家庭，更愿意投资单一基金产品。

持有 2 种基金的全国家庭占 18.0%。其中，城镇家庭占 18.3%，略高于农村家庭的 10.5%，显示出城镇地区的投资者具有一定的风险分散意识。

持有 3 种和 4 种及以上基金的全国家庭占比相对较低，分别为 9.0% 和 6.0%。

总体而言，城镇家庭的基金类型持有数量多于农村家庭，反映出城乡家庭在投资策略上的差异。

表 7-37　我国家庭的基金类型持有数量　　　　　　　　　单位:%

数量	全国	城镇	农村
1 种	67.0	66.4	83.1
2 种	18.0	18.3	10.5
3 种	9.0	9.4	0.0
4 种及以上	6.0	5.9	6.4

（2）基金选择依据

表 7-38 展示了我国家庭在选择基金时的主要依据。数据显示，从全国范围来看，在选择基金的主要依据方面，家庭考虑的因素较为多样。

　　具体而言，以"基金业绩"作为主要依据的全国家庭占比最高，达到38.0%。其中，城镇家庭占比38.5%，农村家庭占比28.6%。这表明，基金的过往表现是投资者关注的重点，且城镇地区的投资者对基金业绩的关注度相对更高。"基金经理能力"也是重要的参考因素，将其作为主要依据的全国家庭占23.2%，城镇家庭和农村家庭分别占比23.8%和13.0%。这体现出投资者对基金管理人才专业性的认可。此外，将"亲戚朋友介绍"作为主要依据的农村家庭占比达40.2%，高于全国平均水平的26.6%和城镇家庭的25.9%，表明农村地区的投资者在投资决策中受人际影响较大。"申购或赎回基金的费率""网络、手机等推送的信息""专业人士或机构的建议"等因素也在一定程度上影响着投资者的选择。

表7-38　我国家庭的基金选择主要依据　　　　　　　　单位:%

选择依据	全国	城镇	农村
基金业绩	38.0	38.5	28.6
基金经理能力	23.2	23.8	13.0
申购或赎回基金的费率	12.2	12.3	11.2
亲戚朋友介绍	26.6	25.9	40.2
网络、手机等推送的信息	5.6	5.3	11.5
专业人士或机构的建议	25.6	26.6	6.4
其他	9.0	8.5	18.4

注：此部分涉及多选题，因此纵向加总可能超过100%。

（3）基金购买渠道

　　表7-39展示了我国家庭购买基金的主要渠道。数据显示，商业银行是家庭购买基金的主要渠道。

　　从全国范围来看，通过商业银行购买基金的家庭占比为53.3%，其中城镇家庭占比高达54.5%，农村家庭占比为31.3%。第三方基金销售平台是第二大渠道，全国家庭中选择该渠道的占比为37.9%，其中城镇家庭占比为36.6%，农村家庭占比为59.3%。由此可见，第三方基金销售平台是农村地区投资者购买基金的重要途径。相比之下，选择券商和基金直销的家庭占比相对较低，这在农村地区尤为突出。具体来看，农村地区选择券商的家庭占比仅为0.2%，选择基金直销的家庭占比仅为0.5%。

表7-39　我国家庭的基金购买主要渠道　　　　　　　　单位:%

购买渠道	全国	城镇	农村
商业银行	53.3	54.5	31.3
券商	12.0	12.7	0.2
基金直销	5.6	5.9	0.5

表7-39(续)

购买渠道	全国	城镇	农村
第三方基金销售平台	37.9	36.6	59.3
其他	3.3	2.9	9.7

注：此部分涉及多选题，因此纵向加总可能超过100%。

（4）基金投资方式

表7-40展示了我国家庭在购买基金时的主要投资方式。从全国范围来看，45.9%的家庭选择一次性买入基金，26.6%的家庭选择定期定额投资（定投），还有27.5%的家庭对两种方式都采用。这表明，我国家庭在基金投资方式上呈现出多样化的特点。

分城乡来看，在城镇家庭中，选择一次性买入的比例为47.0%，略高于全国平均水平；而选择定投的比例为25.1%，低于全国平均水平。相比之下，农村家庭的投资方式则呈现出与城镇家庭相反的特点：定投的比例高达51.8%，而一次性买入的比例仅为27.5%。

总体而言，样本城乡家庭在基金投资方式上存在显著差异，城镇家庭更倾向于一次性买入，而农村家庭更偏好定投。

表 7-40　我国家庭的基金投资主要方式　　　　　　　　单位：%

投资方式	全国	城镇	农村
定投	26.6	25.1	51.8
一次性买入	45.9	47.0	27.5
两种方式都采用	27.5	27.9	20.7

（5）基金市值及投入情况

表7-41展示了基金持有家庭的基金市值及初始投入成本情况。在2021年持有基金的全国家庭中，基金市值均值为148 880元，中位数为48 000元；初始投入成本均值为125 499元，中位数为40 000元。

分城乡来看，城镇家庭的基金市值和初始投入成本均高于农村家庭。具体而言，城镇家庭的基金市值均值为153 260元，中位数为50 000元；初始投入成本均值为130 550元，中位数为40 000元。相比之下，农村家庭的基金市值均值为46 855元，中位数为17 826元；初始投入成本均值为36 390元，中位数为5 000元。

分区域来看，在东部地区持有基金的家庭中，基金市值均值为189 421元，中位数为50 000元，显著高于中部地区和西部地区家庭。在东北地区持有基金的家庭中，基金市值均值和中位数均低于其他区域家庭。在初始投入成本方面，中部地区和西部地区持有基金的家庭，其投入处于中间水平。

总体而言，城乡家庭及不同区域家庭在基金市值和初始投入成本上存在显著差异。城镇家庭在基金投资方面表现出更多的投入和更高的市值水平。

表 7-41　基金持有家庭的基金市值及初始投入成本　　　　单位：元

区域	基金市值		初始投入成本	
	均值	中位数	均值	中位数
全国	148 880	48 000	125 499	40 000
城镇	153 260	50 000	130 550	40 000
农村	46 855	17 826	36 390	5 000
东部	189 421	50 000	165 389	50 000
中部	98 738	40 428	81 745	39 600
西部	87 656	45 000	70 569	30 000
东北	61 483	8 000	75 716	20 000

注：上述均值和中位数均来自持有该类资产的家庭。

（6）基金盈亏状况

表 7-42 展示了基金持有家庭的盈亏状况。数据显示，从全国范围来看，在 2021 年持有基金的家庭中，盈利的比例为 49.3%。具体来看，城镇家庭中盈利的比例为 49.6%，略高于全国平均水平；农村家庭中盈利的比例为 45.5%，略低于全国平均水平。这表明整体盈利占比较高，但城乡家庭之间存在一定的差异。

在亏损方面，全国和城镇家庭中亏损的比例均为 20.3%，而农村家庭中亏损的比例为 18.9%。全国家庭中持平的占比为 15.2%，农村家庭中持平的占比为 28.3%，显著高于城镇家庭的 14.5%。这表明农村家庭在基金投资中可能更为谨慎，更多地选择持有基金，而不是频繁买卖。

总体而言，城乡家庭在基金投资的盈亏状况上存在显著差异。在城镇地区，盈利的家庭比例较高；而在农村地区，持平的家庭占较大比重，表明农村家庭在基金投资中可能更倾向于采取稳健的投资策略。

表 7-42　基金持有家庭的盈亏状况　　　　单位：%

盈亏状况	全国	城镇	农村
盈利	49.3	49.6	45.5
亏损	20.3	20.3	18.9
持平	15.2	14.5	28.3
没有买卖	15.2	15.6	7.3

表 7-43 展示了基金持有家庭的盈亏金额。进一步细分盈亏区间，从全国范围来看，盈利金额在 0.5 万元以下的家庭占比最高，达到 30.9%。在城镇地区，盈利金额在 0.5 万元以下的家庭占比与全国平均水平相同，也为 30.9%；农村地区的这一比例为 30.2%。在亏损方面，亏损金额主要集中在 0.5 万元以下。全国范围内亏损金额在此区间的家庭比例为 13.1%，城镇地区的这一家庭比例为 13.5%，农村地区为 6.1%。

总体而言，多数家庭在基金投资中实现了盈利，但也存在一定比例的亏损情况，且城乡家庭之间存在明显差异。

表 7-43　基金持有家庭的盈亏金额　　　　　　　　单位：%

盈亏金额	全国	城镇	农村
亏损 5 万元以上	1.5	1.5	0.0
亏损 3 万元（不含）~5 万元	0.3	0.3	0.0
亏损 1 万元（不含）~3 万元	4.2	3.9	9.9
亏损 0.5 万元~1 万元	4.7	4.8	4.5
亏损 0.5 万元以下	13.1	13.5	6.1
持平	18.0	17.4	30.5
盈利 0.5 万元以下	30.9	30.9	30.2
盈利 0.5 万元~1 万元	9.1	9.1	8.7
盈利 1 万元（不含）~3 万元	9.9	10.0	7.5
盈利 3 万元（不含）~5 万元	2.9	3.1	0.0
盈利 5 万元以上	5.4	5.5	2.6

7.5　债券

7.5.1　账户拥有比例

表 7-44 呈现了我国家庭的债券持有情况。数据显示，从全国范围来看，持有债券的家庭占比仅为 0.3%，其中城镇家庭占比为 0.5%，农村家庭占比极低，接近于 0。这表明债券投资在全国范围内的普及程度较低，农村地区尤为明显。

分债券类型来看，在持有债券的家庭中，国库券、地方政府债券最受欢迎。持有国库券、地方政府债券的全国家庭占比达 90.4%，其中城镇家庭占比 91.2%，农村家庭占比 74.0%。相比之下，持有企业债券和金融债券的全国家庭占比相对较低，分别为 13.2% 和

13.4%。这反映出国库券、地方政府债券因风险较低、流动性较强而受到广大投资者的青睐。

分区域来看，东部地区持有债券的家庭比例最高，为 0.6%；而东北地区持有债券的家庭比例较低，仅为 0.1%。这种差异可能与各地区的经济发展水平、金融市场成熟度及居民投资意识有关。

表 7-44　我国家庭的债券持有情况　　　　　　　　　　　　　　单位:%

区域	持有债券的家庭比例	持有国库券、地方政府债券的家庭比例	持有企业债券的家庭比例	持有金融债券的家庭比例
全国	0.3	90.4	13.2	13.4
城镇	0.5	91.2	13.8	12.8
农村	0.0	74.0	0.0	26.0
东部	0.6	92.8	7.4	9.6
中部	0.3	89.7	34.2	5.4
西部	0.2	84.8	13.0	27.6
东北	0.1	100.0	0.0	0.0

注：国库券、地方政府债券、企业债券、金融债券是我国常见的债券类型。

表 7-45 依据户主年龄段展示了我国家庭的债券持有情况。数据显示，户主年龄段不同的家庭在债券持有比例上呈现出一定差异。

具体来看，在户主年龄为 26~35 周岁、36~45 周岁和 46~55 周岁的家庭中，持有债券的比例均为 0.2%，处于较低水平。相比之下，在户主年龄为 56 周岁及以上的家庭中，持有债券的比例为 0.4%，较户主处于中间三个年龄段的家庭略有上升。

整体来看，户主年龄段不同的家庭对债券投资的参与度都较低。

表 7-45　不同户主年龄段家庭的债券持有情况　　　　　　　　　单位:%

户主年龄段	持有债券的家庭比例
16~25 周岁	1.6
26~35 周岁	0.2
36~45 周岁	0.2
46~55 周岁	0.2
56 周岁及以上	0.4

表 7-46 依据户主学历层次展示了我国家庭的债券持有情况。数据显示，户主学历层次不同的家庭在债券持有比例上存在明显差异。

具体来看，在户主学历为小学的家庭中，持有债券的比例为 0.1%。随着户主学历的提升，持有债券的家庭比例稳中有升。在户主学历为初中，高中、中专、职高，大专、高职的家庭中，持有债券的比例都为 0.4%。在户主学历为本科及以上的家庭中，持有债券的比例最高，达 0.7%。这表明户主学历层次与持有债券的家庭比例之间存在一定的正相关关系。户主学历较高的家庭可能拥有更丰富的金融知识和更宽广的信息渠道，因此更愿意参与债券投资。这种差异可能与高学历家庭对金融市场的理解更深入、对投资工具的选择更为多样化有关。

表 7-46　不同户主学历层次家庭的债券持有情况　　　　单位:%

户主学历	持有债券的家庭比例
没上过学	0.0
小学	0.1
初中	0.4
高中、中专、职高	0.4
大专、高职	0.4
本科及以上	0.7

7.5.2 债券持有状况

表 7-47 展示了债券持有家庭的债券市值情况。数据显示，从全国范围来看，在 2021 年拥有债券的家庭中，债券市值均值为 282 245 元，中位数为 100 000 元。

分城乡来看，城镇家庭持有的债券市值均值为 295 078 元，中位数与全国家庭相当；农村家庭持有的债券市值均值仅为 6 819 元，中位数为 5 000 元，与城镇家庭相比存在较大差距。

表 7-47　债券持有家庭的债券市值情况　　　　单位：元

区域	债券市值	
	均值	中位数
全国	282 245	100 000
城镇	295 078	100 000
农村	6 819	5 000

注：上述均值和中位数均来自持有该类资产的家庭。

7.6 其他金融资产

7.6.1 其他风险资产

（1）其他风险资产持有比例

本书将家庭持有的金融衍生品、外币、贵金属及其他未提及的金融资产归类为其他金融资产。

表 7-48 展示了我国家庭的其他金融资产持有情况。数据显示，从全国范围来看，持有其他金融资产的家庭占比为 0.72%，其中城镇家庭占比为 1.09%，农村家庭占比仅 0.10%。

在具体的其他金融资产类别中，持有贵金属的家庭比例相对较高，全国家庭占比为 0.39%，城镇家庭占比为 0.58%，农村家庭占比为 0.05%。持有外币的全国家庭占比为 0.28%，城镇家庭占比为 0.43%，农村家庭占比为 0.02%。持有金融衍生品的全国家庭占比为 0.08%，城镇家庭占比为 0.12%。

分区域来看，东部地区持有其他金融资产的家庭比例最高，为 1.14%；中部地区的家庭比例最低，仅为 0.35%。

总体来讲，各区域持有不同类别其他金融资产的家庭比例呈现出明显差异，反映出不同区域家庭对其他风险资产的偏好不同。这种差异可能与各地区的经济发展水平、金融市场成熟度及居民风险偏好有关。

表 7-48　我国家庭的其他金融资产持有情况　　　　　　单位:%

区域	持有其他金融资产的家庭比例	持有金融衍生品的家庭比例	持有外币的家庭比例	持有贵金属的家庭比例	持有其他未提及的金融资产的家庭比例
全国	0.72	0.08	0.28	0.39	0.05
城镇	1.09	0.12	0.43	0.58	0.06
农村	0.10	0	0.02	0.05	0.03
东部	1.14	0.08	0.50	0.64	0.05
中部	0.35	0	0.09	0.27	0
西部	0.68	0.14	0.24	0.29	0.08
东北	0.39	0	0.15	0.23	0.01

注：部分指标未观测到样本，因此结果显示为 0，可能有所低估。

（2）持有市值及收益

表 7-49 统计了其他金融资产持有家庭的市值情况。数据显示，在持有其他金融资产的家庭中，其市值均值为 220 435 元，中位数为 20 000 元。具体来看，金融衍生品市值均值最高，达到 606 777 元，中位数为 100 000 元；外币市值均值为 315 967 元，中位数为 15 000元；贵金属市值均值为 48 294 元，中位数为 20 000 元；其他未提及的金融资产市值均值为 148 084 元，中位数为 42 726 元。这表明，不同类别的其他金融资产的家庭持有市值情况存在较大差异。

表 7-49　其他金融资产持有家庭的市值情况　　　　　　　单位：元

类别	均值	中位数
其他金融资产	220 435	20 000
——金融衍生品	606 777	100 000
——外币	315 967	15 000
——贵金属	48 294	20 000
——其他未提及的金融资产	148 084	42 726

注：上述均值和中位数仅来自持有相应金融资产的家庭。

7.6.2　现金

表 7-50 呈现了我国家庭的现金持有情况。数据显示，从全国范围来看，持有现金的家庭比例为 71.3%，其中城镇家庭占比为 73.1%，农村家庭占比为 68.1%。

从全国范围来看，在持有现金的家庭中，持有金额均值为 18 336 元，中位数为 2 500元。具体来看，城镇家庭中持有金额均值为 22 682 元，中位数为 3 000 元；农村家庭中持有金额均值为 10 332 元，中位数为 2 000 元。

分区域来看，东部地区持有现金的家庭占比最高，为 76.7%，其持有金额均值为27 741 元，也相对较高。这些数据体现出城乡家庭和不同区域家庭在现金持有方面存在较大差异。

表 7-50　我国家庭的现金持有情况

区域	持有现金的家庭比例/%	持有金额均值/元	持有金额中位数/元
全国	71.3	18 336	2 500
城镇	73.1	22 682	3 000
农村	68.1	10 332	2 000

表7-50(续)

区域	持有现金的家庭比例/%	持有金额均值/元	持有金额中位数/元
东部	76.7	27 741	3 000
中部	72.9	11 737	2 000
西部	66.4	13 826	2 000
东北	69.9	17 389	2 500

注：上述均值和中位数均来自持有该类资产的家庭。

  表7-51展示了我国家庭持有的现金额度分布情况。数据显示，从全国范围来看，在持有现金的家庭中，现金额度在0.1万元及以下的家庭占比为32.2%，其中城镇家庭占比为28.7%，农村家庭占比达38.7%；现金额度在0.1万元~0.3万元的全国家庭占25.3%，其中城镇家庭占25.6%，农村家庭占24.8%。随着现金额度区间的提升，相应家庭占比整体呈下降趋势。

  总体来看，持有现金的农村家庭在低额度区间占比较高，而持有现金的城镇家庭在高额度区间占比相对突出。

表 7-51　我国家庭的现金持有额度分布　　　单位：%

手持现金额度	全国	城镇	农村
0.1 万元及以下	32.2	28.7	38.7
0.1 万元~0.3 万元	25.3	25.6	24.8
0.3 万元（不含）~0.5 元	11.3	12.2	9.8
0.5 万元（不含）~1 万元	13.0	13.5	11.9
1 万元（不含）~3 万元	10.1	10.3	9.7
3 万元（不含）~5 万元	3.0	3.4	2.3
5 万元（不含）~10 万元	2.4	2.8	1.7
10 万元以上	2.7	3.5	1.1

7.6.3　借出款

（1）借出款持有比例

  表7-52展示了我国家庭的借出款持有情况。数据显示，从全国范围来看，持有借出款的家庭占比为15.1%，其中城镇家庭占比为17.0%，农村家庭占比为11.8%。

分区域来看，东部地区持有借出款的家庭占比为 14.4%，中部地区的家庭比例为 14.5%，西部地区为 16.8%，东北地区为 11.4%。整体来讲，城乡家庭及不同区域家庭在资金出借行为上存在显著差异。具体而言，城镇地区持有借出款的家庭比例高于农村地区；西部地区持有借出款的家庭比例相对较高，而东北地区则相对较低。

表 7-52　我国家庭的借出款持有情况　　　　　　　　　　　单位:%

区域	持有借出款的家庭占比
全国	15.1
城镇	17.0
农村	11.8
东部	14.4
中部	14.5
西部	16.8
东北	11.4

注：若某家庭借钱给家庭成员以外的个人或借钱给机构，则视为该家庭有借出款。

（2）借出款额度

表 7-53 展示了我国家庭的借出款额度情况。数据显示，不同区域家庭的借出款额度存在明显差异。

从全国范围来看，在持有借出款的家庭中，借出款额度均值为 83 255 元，中位数为 25 000 元。其中，城镇家庭的借出款额度均值为 89 647 元，高于全国平均水平，中位数为 30 000 元；农村家庭的借出款额度均值为 67 397 元，低于全国平均水平，中位数仅 17 000 元。由此可见，城乡家庭之间的差异较为明显。

分区域来看，东部地区家庭的借出款额度均值最高，达到 132 569 元，中位数为 30 000 元，显示出东部地区持有借出款家庭的资金出借规模较大。中部地区、西部地区和东北地区家庭的借出款额度均值相对较低，分别为 50 346 元、66 143 元和 75 644 元，中位数均为 20 000 元，表明这些地区持有借出款家庭的资金出借规模较为接近且小于东部地区。

表 7-53　我国家庭的借出款额度　　　　　　　　单位：元

区域	均值	中位数
全国	83 255	25 000
城镇	89 647	30 000
农村	67 397	17 000
东部	132 569	30 000
中部	50 346	20 000
西部	66 143	20 000
东北	75 644	20 000

注：上述均值和中位数仅来自持有借出款的家庭。

表 7-54 依据户主年龄段展示了我国家庭的借出款额度情况。数据显示，户主年龄段不同的家庭在借出款额度上呈现出一定的变化规律。

具体而言，户主年龄为 16~25 周岁的家庭，其借出款额度均值为 36 114 元，中位数为 10 000 元，在户主年龄段不同的家庭中处于较低水平。在户主年龄为 26 周岁及以上的家庭中，借出款额度均值相对较高且较为接近。其中，户主年龄为 26~35 周岁的家庭，其借出款额度均值为 82 132 元；户主年龄为 36~45 周岁的家庭，其借出款额度均值为71 094元；户主年龄为 46~55 周岁的家庭，其借出款额度均值为 88 574 元；户主年龄在 56 周岁及以上的家庭，其借出款额度均值为 88 497 元。

表 7-54　不同户主年龄段家庭的借出款额度　　　　单位：元

户主年龄段	均值	中位数
16~25 周岁	36 114	10 000
26~35 周岁	82 132	20 000
36~45 周岁	71 094	20 000
46~55 周岁	88 574	27 000
56 周岁及以上	88 497	25 000

注：上述均值和中位数仅来自有借出款的家庭。

表 7-55 依据户主学历层次展示了我国家庭的借出款额度情况。数据显示，户主学历水平不同的家庭在借出款额度上存在显著差异。户主没上过学的家庭和户主学历为小学的家庭，其借出款额度相对较低。随着户主学历水平的提升，家庭的借出款额度呈现出波动增长的态势。

具体来看，户主学历为高中、中专、职高的家庭，其借出款额度均值为 104 923 元，中位数为 30 000 元；户主学历为本科及以上的家庭，其借出款额度均值高达 148 087 元，中位数为 30 000 元。这表明，户主学历越高的家庭，其借出款额度可能越高。这一现象可能与高学历家庭收入较高、财富积累较多及社交网络较广有关，这些因素使得他们更有能力和意愿出借资金。

表 7-55　不同户主学历层次家庭的借出款额度　　　　单位：元

户主学历	均值	中位数
没上过学	31 267	10 000
小学	37 782	17 000
初中	60 448	20 000
高中、中专、职高	104 923	30 000
大专、高职	91 660	30 543
本科及以上	148 087	30 000

注：上述均值和中位数仅来自有借出款的家庭。

（3）资金借出原因和用途

表 7-56 分析了我国家庭的资金借出原因。数据显示，从全国范围来看，以"提供帮助"为主要动机的家庭占比最高，达到 65.2%。其中，城镇家庭和农村家庭分别占比 64.9% 和 65.8%。这表明大部分家庭在出借资金时，更倾向于基于亲情、友情等因素给予他人支持。"迫于人情往来"也是一个重要因素，选择这一理由的全国家庭占比 26.1%，城镇家庭占比 26.6%，农村家庭占比 25.1%。这说明社交关系在资金出借决策中起到了不可忽视的作用。选择通过出借资金"获取利息收益"的家庭占比较低，全国家庭仅占 5.6%，城镇家庭为 5.4%，农村家庭为 6.2%。这反映出多数家庭出借资金并非为了经济回报。在选择"其他"原因的家庭占比方面，全国家庭、城镇家庭和农村家庭的数据较为接近，均在 3% 左右。

总体来看，家庭借出资金更多地基于情感和社交层面的考量，而非单纯的经济利益。

表 7-56　我国家庭的资金借出原因　　　　　　单位:%

原因	全国	城镇	农村
提供帮助	65.2	64.9	65.8
迫于人情往来	26.1	26.6	25.1
获取利息收益	5.6	5.4	6.2
其他	3.1	3.1	2.9

　　表 7-57 展示了我国家庭的借款主要用途。数据显示，借款用途在城乡家庭之间存在一定差异。从全国范围来看，"经营工商业"是借款的主要用途之一。用于"经营工商业"的全国家庭占比 28.0%，其中城镇家庭为 29.1%，农村家庭为 25.4%，显示出借款用于商业经营活动的情形较为普遍。"购买住房"也是重要的借款用途。用于"购买住房"的全国家庭占比 16.9%，但城乡家庭之间的差异较为明显：城镇家庭占比 19.0%，农村家庭仅占比 11.9%，这可能与城镇家庭的购房需求更大有关。用于"日常消费"的全国家庭、城镇家庭和农村家庭的占比都在 15% 左右，可见"日常消费"是较为常见的借款用途。用于"医疗""婚丧嫁娶"的农村家庭占比分别为 12.1% 和 9.2%，高于城镇家庭的 7.7% 和 4.6%，反映出农村家庭在这些方面对借款的依赖程度较高。此外，借款用于"买车""金融产品投资""教育"等的家庭占比较低，且城乡家庭之间存在不同程度的差异。

表 7-57　我国家庭的借款主要用途　　　　　　单位:%

主要用途	全国	城镇	农村
经营工商业	28.0	29.1	25.4
购买住房	16.9	19.0	11.9
日常消费	15.7	15.9	15.4
医疗	9.1	7.7	12.1
婚丧嫁娶	6.0	4.6	9.2
买车	2.8	2.2	4.1
金融产品投资	2.6	3.4	0.7
教育	2.8	2.3	4.1
其他	16.1	15.8	17.1

7.7　金融市场参与比例及金融资产配置

7.7.1　金融市场参与比例

（1）银行存款市场参与比例

表 7-58 展示了我国家庭的银行存款市场参与情况。从全国范围来看，家庭的银行存款市场总体参与比例为 66.9%，其中城镇家庭为 74.8%，农村家庭为 53.3%。

分存款类型来看，在活期存款方面，全国家庭的参与比例为 62.4%，城镇家庭的参与比例为 69.6%，农村家庭的参与比例为 50.0%；在定期存款方面，全国家庭的参与比例为 29.5%，城镇家庭为 36.4%，农村家庭为 17.7%。

分区域来看，东部地区家庭的银行存款市场总体参与比例较高，达到 71.0%。各区域家庭在活期存款和定期存款参与比例上也存在差异，反映出城乡家庭和不同区域家庭在银行存款市场上不同的选择偏好。具体而言，东部地区家庭在活期存款与定期存款的参与比例上均相对较高，分别达到 65.9% 和 36.0%。这种差异可能与各地区的经济发展水平、居民收入水平及金融市场成熟度有关。

表 7-58　我国家庭的银行存款市场参与比例　　　　　单位:%

类别	全国	城镇	农村	东部	中部	西部	东北
银行存款市场总体	66.9	74.8	53.3	71.0	65.0	65.8	62.4
活期存款	62.4	69.6	50.0	65.9	60.8	62.2	55.7
定期存款	29.5	36.4	17.7	36.0	28.6	24.8	29.5

注：此处将股票账户现金余额归入活期存款。

（2）风险金融市场参与比例

风险金融市场参与是指家庭持有股票（包括非公开交易股票）、基金、债券（这里仅包括企业债券、金融债券，不包括国库券、地方政府债券）、互联网理财产品、传统理财产品、借出款和其他金融资产。其中，其他金融资产包括金融衍生品、外币、贵金属和其他未提及的金融资产四类。

表 7-59 展示了我国家庭的风险金融市场参与情况。数据显示，城乡家庭及不同区域家庭在风险金融市场参与比例上存在明显差异。从全国范围来看，风险金融市场总体参与比例为 63.5%，其中城镇家庭达 70.5%，农村家庭为 51.5%，城乡家庭之间的差异较为显著。分区域来看，东部地区家庭的参与比例为 66.8%，相对较高；中部地区和西部地区家庭的参与比例分别为 61.6% 和 63.6%；东北地区家庭的参与比例为 56.5%，相对较低。

　　分产品类型来看,在全国范围内,持有互联网理财产品的家庭比例相对较高,达到58.2%,可见这类产品成为多数家庭参与风险市场的重要选择。相比之下,股票市场和基金市场的家庭参与比例相对较低,分别为4.7%和3.2%。其中,城镇家庭的参与比例分别为7.3%和4.8%,远高于农村家庭的0.2%和0.4%。债券市场的参与比例极低,全国家庭仅占0.06%。持有借出款的家庭比例在城乡之间有所不同,城镇家庭高于农村家庭。持有其他未提及的金融资产的家庭比例普遍较低。

表7-59　我国家庭的风险金融市场参与比例　　　　单位:%

类别	全国	城镇	农村	东部	中部	西部	东北
风险金融市场总体	63.5	70.5	51.5	66.8	61.6	63.6	56.5
股票	4.7	7.3	0.2	7.8	4.2	3.1	2.3
基金	3.2	4.8	0.4	5.1	2.2	2.7	0.9
债券	0.06	0.1	0.01	0.1	0.1	0.1	—
互联网理财产品	58.2	63.9	48.4	60.7	57.4	58.3	51.4
传统理财产品	7.8	11.6	1.3	12.2	5.4	6.6	3.7
借出款	15.1	17.0	11.8	14.4	14.5	16.8	11.4
其他未提及的金融资产	0.7	1.1	0.1	1.1	0.4	0.7	0.4

　　表7-60依据户主年龄段分析了我国家庭在风险金融市场的参与情况。随着户主年龄的增长,家庭参与比例有所波动。具体来看,户主年龄为46~55周岁的家庭,参与比例保持在80%左右;而户主年龄在56周岁及以上的家庭,参与比例则降低至48.5%。

　　在具体产品方面,年龄为26~35周岁的家庭中,基金市场参与比例为7.4%,相对较高,但随着户主年龄的增长而逐渐降低。股票市场参与比例从户主年龄为26~35周岁家庭的4.6%上升至户主年龄为36~45周岁家庭的6.0%。债券市场参与比例在户主年龄段不同的家庭中均较低,且变化幅度不大。在户主年龄为26~55周岁的家庭中,持有互联网理财产品的占比都较高,介于72.7%~76.7%;而在户主年龄为56周岁及以上的家庭中,该比例降至43.1%。持有传统理财产品的比例在户主年龄为26~35周岁的家庭中最高,为15.0%,之后随户主年龄的增长而下降。持有借出款的家庭比例随户主年龄的增长而波动降低,在户主年龄为26~35周岁的家庭中,这一数据为21.7%,而在户主年龄为56周岁及以上的家庭中,这一数据仅为10.6%。

表 7-60   不同户主年龄段家庭的风险金融市场参与比例   单位:%

类别	26~35 周岁	36~45 周岁	46~55 周岁	56 周岁及以上
风险金融市场总体	80.8	82.8	80.2	48.5
股票	4.6	6.0	5.8	4.0
基金	7.4	5.5	3.7	1.8
债券	0.0	0.2	0.1	0.02
互联网理财产品	72.7	75.8	76.7	43.1
传统理财产品	15.0	11.9	7.7	5.9
借出款	21.7	22.9	18.1	10.6
其他未提及的金融资产	0.9	1.3	0.7	0.6

7.7.2   金融资产规模及结构

（1）金融资产规模

金融资产可以划分为风险资产和无风险资产。风险资产包括股票、基金、债券（企业债券、金融债券）、理财产品、非人民币资产、黄金、金融衍生品等；无风险资产包括银行存款、现金和债券（国库券、地方政府债券）。

表 7-61 展示了我国家庭的风险资产规模和无风险资产规模情况。数据显示，不同区域家庭的风险资产规模、无风险资产规模及金融资产总额存在显著差异。从全国范围来看，家庭的无风险资产均值为 96 817 元，中位数为 20 000 元；风险资产均值为 59 163 元，中位数为 1 000 元；金融资产总额均值为 155 980 元，中位数为 26 800 元。

分城乡来看，城镇家庭在各项资产规模上均大于全国平均水平。具体而言，无风险资产均值为 130 336 元，风险资产均值为 83 752 元，金融资产总额均值为 214 088 元，反映出城镇家庭的金融资产更为雄厚。相比之下，农村家庭的各项资产规模都明显小于全国和城镇家庭，其中无风险资产均值为 34 723 元，风险资产均值为 13 614 元，金融资产总额均值为 48 337 元。

分区域来看，东部地区家庭的资产规模优势较为突出，无风险资产、风险资产和金融资产总额的均值分别为 160 890 元、107 988 元和 268 878 元；中部地区、西部地区和东北地区家庭的资产规模较为相近，都相对较小。

表 7-61　我国家庭的风险资产规模和无风险资产规模　　　　　　　　单位：元

区域	均值			中位数		
	无风险资产	风险资产	金融资产总额	无风险资产	风险资产	金融资产总额
全国	96 817	59 163	155 980	20 000	1 000	26 800
城镇	130 336	83 752	214 088	32 000	1 600	50 100
农村	34 723	13 614	48 337	6 000	300	10 000
东部	160 890	107 988	268 878	31 640	1 430	50 000
中部	66 507	34 903	101 410	16 001	820	23 000
西部	67 781	39 746	107 527	14 000	859	20 800
东北	64 587	26 364	90 951	15 000	400	20 000

注：上述数据基于金融资产大于零的家庭样本计算得出。

表 7-62 分析了户主年龄与家庭金融资产规模之间的关系。数据显示，户主年龄为16~25周岁的家庭，其金融资产规模均值为 138 754 元，中位数为 25 900 元。这表明，该年龄段的户主大多刚步入社会，其家庭的资产积累处于起步阶段。在户主年龄为 26~35 周岁和 36~45 周岁的家庭中，金融资产规模均值分别为 189 246 元和 189 328 元，处于较高水平，中位数分别为 50 800 元和 44 000 元。这表明，这两个年龄段的户主通常处于收入稳定增长期，因此理财意识逐渐增强，理财能力逐步提升，家庭的资产规模随之增加。在户主年龄为 45~55 周岁的家庭中，金融资产规模均值为 162 819 元，中位数为 30 800 元，虽有所下降，但仍保持在一定水平。在户主年龄为 56 周岁及以上的家庭中，金融资产规模均值为 140 113 元，中位数为 20 000 元，资产规模相对较小。

表 7-62　户主年龄与家庭金融资产规模　　　　　　　　单位：元

户主年龄段	均值	中位数
16~25 周岁	138 754	25 900
26~35 周岁	189 246	50 800
36~45 周岁	189 328	44 000
46~55 周岁	162 819	30 800
56 周岁及以上	140 113	20 000

注：上述数据基于金融资产大于零的家庭样本计算得出。

表 7-63 分析了户主学历与家庭金融资产规模之间的关系。数据显示，户主学历与家庭金融资产规模之间存在显著的正相关关系。

具体而言，在户主没上过学的家庭中，金融资产规模均值仅 18 620 元，中位数为

2 200元，处于较低水平。在户主学历为小学的家庭中，金融资产规模均值为 44 742 元，中位数为 6 914 元，可见金融资产规模有所提升但依然不大。随着户主学历的提升，家庭的金融资产规模逐步扩大。在户主学历为初中的家庭中，金融资产规模均值为 110 470 元，中位数为 22 050 元；在户主学历为高中、中专、职高的家庭中，金融资产规模均值为 181 320元，中位数为 47 000 元；在户主学历为大专、高职的家庭中，金融资产规模均值为 285 911 元，中位数为 100 600 元；在户主学历为本科及以上的家庭中，均值更是高达 461 584 元，中位数为 148 046 元。这可能是由于高学历家庭往往拥有更多的职业发展机会、更高的收入水平、更丰富的金融投资知识，因此能够积累更多的金融资产。

表 7-63　户主学历与家庭金融资产规模　　　　单位：元

户主学历	均值	中位数
没上过学	18 620	2 200
小学	44 742	6 914
初中	110 470	22 050
高中、中专、职高	181 320	47 000
大专、高职	285 911	100 600
本科及以上	461 584	148 046

注：上述数据基于金融资产大于零的家庭样本计算得出。

（2）金融资产配置

表 7-64 展示了我国家庭的金融资产配置情况。数据显示，不同区域家庭的金融资产配置呈现出明显差异。

从全国范围来看，家庭的无风险资产占比为 62.1%，风险资产占比为 37.9%。其中，城镇家庭的风险资产占比略高于全国平均水平，为 39.1%，无风险资产占比为 60.9%；农村家庭的无风险资产占比高达 71.8%，风险资产占比仅为 28.2%，表明农村家庭在投资风格上较为保守，更倾向于保障资产的稳定性。

分区域来看，东部地区家庭的风险资产占比最高，达到 40.2%，反映出该地区的家庭对风险资产的接受度较高，这些家庭在投资方面相对更为积极。中部地区家庭的无风险资产占比为 65.6%，风险资产占比为 34.4%；西部地区家庭的无风险资产占比为 63.0%，风险资产占比为 37.0%；东北地区家庭的无风险资产占比为 71.0%，风险资产占比为 29.0%。各区域家庭在金融资产配置方面的差异，体现了不同地区在经济发展水平、金融市场环境及居民风险偏好等方面的特点。

表 7-64　我国家庭的金融资产配置情况　　　　　　　单位:%

区域	无风险资产占比	风险资产占比
全国	62.1	37.9
城镇	60.9	39.1
农村	71.8	28.2
东部	59.8	40.2
中部	65.6	34.4
西部	63.0	37.0
东北	71.0	29.0

表 7-65 分析了户主年龄与家庭金融资产配置之间的关系。数据显示,户主年龄对家庭金融资产配置影响显著。

具体而言,在户主年龄为 16~25 周岁的家庭中,无风险资产占比为 74.0%,风险资产占比为 26.0%,表明这个年龄段的户主因收入不稳定、风险承受能力较弱,而倾向于将大部分资产配置为无风险资产,以保障资金安全。在户主年龄为 26~35 周岁和 36~45 周岁的家庭中,风险资产占比分别为 42.1%和 43.3%,相对较高。此时家庭收入逐步稳定且仍有增长空间,户主因风险承受能力增强而愿意增加风险资产配置,以追求更高收益。在户主年龄为 46~55 周岁的家庭中,无风险资产占比回升至 60.9%,风险资产占比为 39.1%。在户主年龄为 56 周岁及以上的家庭中,无风险资产占比达到 65.1%,风险资产占比为 34.9%,这体现了户主为老年群体的家庭更加重视资产稳定性,更倾向于选择无风险或低风险的投资方式。

表 7-65　户主年龄与家庭金融资产配置　　　　　　　单位:%

户主年龄段	无风险资产占比	风险资产占比
16~25 周岁	74.0	26.0
26~35 周岁	57.9	42.1
36~45 周岁	56.7	43.3
46~55 周岁	60.9	39.1
56 周岁及以上	65.1	34.9

表 7-66 分析了户主学历与家庭金融资产配置之间的关系。数据显示,户主学历与家庭金融资产配置呈现出明显的规律性。

具体而言,在户主没上过学的家庭中,无风险资产占比高达 84.5%,风险资产占比仅为 15.5%。在户主学历为小学的家庭中,无风险资产占比为 80.7%,风险资产占比仅有

19.3%，资产配置同样较为保守。随着户主学历的不断提升，家庭的风险资产占比逐渐增大。在户主学历为大专、高职的家庭中，风险资产占比为43.8%；在户主学历为本科及以上的家庭中，风险资产占比更是达到48.4%，无风险资产占比相应降低。这说明，高学历户主往往具备更丰富的金融知识和更广的信息获取渠道，对各类金融资产的风险和收益有更加深入的理解，因此敢于配置较高比例的风险资产，以追求更高的投资回报。

表 7-66　户主学历与家庭金融资产配置　　　　　　　　　单位：%

户主学历	无风险资产占比	风险资产占比
没上过学	84.5	15.5
小学	80.7	19.3
初中	71.1	28.9
高中、中专、职高	64.0	36.0
大专、高职	56.2	43.8
本科及以上	51.6	48.4

8 家庭负债

8.1 家庭负债概况

8.1.1 家庭负债的区域差异

家庭负债指家庭因生产经营、购房、买车、教育、医疗等活动产生的资金借贷余额。

表 8-1 展示了我国家庭的负债总体情况。从全国范围来看，2021 年有债务的家庭占 29.4%。在负债家庭中，负债余额均值为 213 804 元，中位数为 70 000 元。

分城乡来看，城镇地区有债务的家庭占比为 27.3%，而农村地区有债务的家庭占比为 33.1%。

分区域来看，东部地区有债务的家庭占比为 26.6%，负债家庭的债务余额均值最高，达到 330 239 元；东北地区有债务的家庭占比为 22.4%，负债家庭的债务余额均值为 126 054 元，是各区域中最低的。这一差异可能与各地区的经济发展水平、居民收入水平及消费习惯有关。例如，东部地区家庭因收入水平较高，更倾向于通过借贷进行大额消费，如购房、购车和投资教育等；东北地区家庭可能由于收入水平相对较低而较少借贷，因此债务余额较少。

综合来看，不同区域家庭和城乡家庭的负债情况存在显著差异。这种差异提示我们在制定政策时，应充分考虑区域和城乡的经济特点及居民的财务状况，采取有针对性的措施来引导家庭管理负债，以促进经济高质量发展。

表 8-1 我国家庭的负债概况

区域	负债家庭占比/%	负债家庭的债务余额均值/元	负债家庭的债务余额中位数/元	全部家庭的债务余额均值/元
全国	29.4	213 804	70 000	62 931
城镇	27.3	292 432	120 000	79 816
农村	33.1	102 521	42 822	33 943
东部	26.6	330 239	96 000	87 681

表8-1(续)

区域	负债家庭占比/%	负债家庭的债务 余额均值/元	负债家庭的债务 余额中位数/元	全部家庭的债务 余额均值/元
中部	26.5	174 028	50 000	46 032
西部	35.2	173 450	80 000	61 055
东北	22.4	126 054	50 000	28 242

8.1.2 家庭负债的用途差异

表8-2详细展示了拥有不同类型负债的家庭占比情况。数据显示，城乡家庭在各类负债参与度上存在显著差异，这些差异反映了不同家庭在经济活动、消费行为和金融工具使用方面的特点。

在农业负债方面，农村家庭的参与比例为12.7%，明显高于城镇家庭的1.1%，全国平均水平为5.3%。这一差异与农村家庭以农业生产为主的经济活动特点密切相关。农业生产往往需要大量资金投入，因此农村家庭对借贷的依赖度较高。

在工商业负债方面，城镇家庭的参与比例为3.1%，略高于全国平均水平（2.7%）及农村家庭（2.1%）。这说明城镇家庭在商业和工业领域的活跃度较高，参与工商业经营活动的比例更大，可能与城镇地区良好的创业环境、更多的创业机会有关。

在房产负债方面，从全国范围来看，家庭的参与比例为15.1%。其中，城镇家庭的参与比例为16.2%，农村家庭的参与比例为13.3%。城镇家庭的房产负债参与度稍高，这可能与城镇地区的购房需求更旺盛、房价相对较高及居民偏好投资房产等因素有关。

在汽车负债方面，全国家庭、城镇家庭和农村家庭的参与比例较为接近，分别为4.7%、4.6%和4.9%。这表明汽车消费在城乡家庭中较为普遍，且城乡之间的差异较小。

在教育负债和医疗负债方面，农村家庭的参与比例高于城镇家庭。具体来看，对教育负债而言，农村家庭的参与比例为4.5%，城镇家庭为2.4%；对医疗负债而言，农村家庭的参与比例为5.8%，城镇家庭2.7%。这可能与农村地区的教育资源、医疗资源相对不足，家庭在教育和医疗方面的支出压力较大有关。

在信用卡负债方面，城镇家庭的参与比例为3.8%，远高于农村家庭的0.8%，这一差异体现出信用卡在城镇地区的使用更为普遍，可能与这些地区更高的消费水平、更广的金融服务覆盖范围有关。

在其他负债方面，全国家庭、城镇家庭和农村家庭的参与比例分别为4.0%、3.9%和4.2%，差异相对较小，表明这类负债在城乡家庭中的分布较为均衡。

总体而言，城乡家庭在负债类型分布上呈现出明显差异。这些差异为我们理解城乡家庭的经济行为、金融需求提供了重要视角。

表 8-2　不同类型负债的家庭参与比例　　　　　　单位:%

类型	全国	城镇	农村
总体	29.4	27.3	33.1
农业负债	5.3	1.1	12.7
工商业负债	2.7	3.1	2.1
房产负债	15.1	16.2	13.3
汽车负债	4.7	4.6	4.9
教育负债	3.2	2.4	4.5
医疗负债	3.8	2.7	5.8
信用卡负债	2.7	3.8	0.8
其他负债	4.0	3.9	4.2

8.1.3　家庭负债结构

表 8-3 展示了不同类型负债在有单项负债家庭和全部家庭中的额度情况。数据显示，城乡家庭在负债额度上存在明显差异，且这些差异在不同类型负债中表现各异。

就总负债额度而言，在负债家庭中，城镇家庭的负债均值为 292 432 元，远高于全国平均水平（213 804 元）及农村家庭（102 521 元）；在全部家庭中，城镇家庭的负债均值为 79 816 元，同样高于全国平均水平（62 931 元）及农村家庭（33 943 元）。这一现象凸显了城乡家庭在负债规模上的显著差异。

就农业负债额度而言，在有农业负债的家庭中，城镇家庭的负债均值为 73 705 元，略高于全国平均水平（57 200 元），而农村家庭的负债均值为 54 860 元，相对较低。但从全部家庭来看，农村家庭的农业负债均值为 6 944 元，高于城镇家庭的 770 元。这一差异与部分农村家庭因农业生产经营活动而产生负债密切相关。

就工商业负债额度而言，在有工商业负债的家庭中，城镇家庭的负债均值为 444 793 元，明显高于农村家庭的 173 635 元；在全部家庭中，城镇家庭的负债均值为 13 601 元，也高于农村家庭的 3 627 元。这体现出城镇地区的工商业发展情况更好，家庭参与度更高，负债额度也相应较大。

房产负债是各类负债中的大额部分。在有房产负债的家庭中，城镇家庭的房产负债均值为 339 117 元，远高于农村家庭的 120 512 元；在全部家庭中，城镇家庭的房产负债均值为 54 791 元，同样远超农村家庭的 15 998 元。这一差异反映出城镇地区的房价较高，房产负债成为家庭总负债的重要组成部分。

就汽车负债、教育负债、医疗负债、信用卡负债及其他负债而言，在有相应负债的家庭中，城乡差异也较为明显。具体来看，在汽车负债额度上，城镇家庭的负债均值为52 602元，高于农村家庭的34 783 元；在教育负债额度上，城镇家庭的负债均值为41 126元，高于农村家庭的28 603 元；在医疗负债额度上，城镇家庭的负债均值为 52 756 元，高于农村家庭的32 547 元；在信用卡负债额度上，城镇家庭的负债均值为35 233 元，远高于农村家庭的17 507 元；在其他负债额度上，城镇家庭的负债均值为 115 502 元，高于农村家庭的 55 745 元。这些差异可能受到城乡经济发展水平、消费观念、金融服务普及程度等多种因素的综合影响。

总体而言，城乡家庭在各类负债额度上呈现出显著差异，这为我们理解城乡家庭的负债结构和经济行为提供了重要参考。

表 8-3　不同类型负债在家庭中的额度情况　　　　　单位：元

类别	负债家庭			全部家庭		
	全国	城镇	农村	全国	城镇	农村
总负债	213 804	292 432	102 521	62 931	79 816	33 943
农业负债	57 200	73 705	54 860	3 043	770	6 944
工商业负债	367 612	444 793	173 635	9 930	13 601	3 627
房产负债	268 357	339 117	120 512	40 512	54 791	15 998
汽车负债	45 723	52 602	34 783	2 139	2 391	1 707
教育负债	34 601	41 126	28 603	1 106	997	1 295
医疗负债	41 529	52 756	32 547	1 585	1 416	1 875
信用卡负债	33 293	35 233	17 507	907	1 353	142
其他负债	92 357	115 502	55 745	3 709	4 497	2 355

注：其他负债包括金融投资负债、耐用品和奢侈品负债及其他未提及的负债。左三列数据针对有相应负债的家庭，如农业负债额度是指有农业负债的家庭的农业负债均值；右三列则针对所有家庭（不论是否有负债）。

表 8-4 展示了我国不同区域家庭的负债构成情况。可以看出，负债结构存在显著的区域差异。

从全国范围来看，房产负债在家庭总负债中占比最高，达到64.4%。在城镇家庭，这一比例更高，为68.6%，表明城镇家庭的负债在很大程度上源于房产购置。这与城镇地区较高的房价和旺盛的购房需求密切相关。相比之下，农村家庭的房产负债占总负债的比重为47.1%，相对较低，但农业负债占比高达20.5%，远高于全国平均水平（4.8%）及城镇家庭（1.0%）。这体现了农村家庭的负债受农业生产经营活动的影响较大。在工商业负债方面，城镇家庭的额度占比为17.0%，略高于全国平均水平（15.8%）及农村家庭（10.7%）。

分区域来看，东部地区和西部地区家庭的工商业负债占总负债的比重分别为 16.8% 和 16.6%，接近全国平均水平；中部地区家庭的工商业负债占比为 11.9%，相对较低；东北地区为 12.0%。这反映出城镇家庭和部分经济较发达地区的家庭参与工商业经营活动相对较多，因此工商业负债的占比也相对较高。

汽车负债、教育负债、医疗负债、信用卡负债及其他负债在负债结构中的占比相对较小，但也呈现出明显的城乡和区域差异。具体而言，汽车负债在农村家庭总负债中的占比为 5.0%，高于全国平均水平（3.4%）和城镇家庭（3.0%）；教育负债在农村家庭总负债中的占比为 3.8%，高于城镇家庭的 1.3%；医疗负债的占比为 5.5%，同样高于城镇家庭（1.8%）；信用卡负债的占比为 0.4%，低于城镇家庭的 1.7%；其他负债的占比在不同区域家庭间有所波动，但差异相对较小。这些差异表明，不同区域家庭面临的经济压力各有特点，他们的负债构成受到经济发展水平、产业结构、消费观念等多种因素的综合影响。

表 8-4　不同区域家庭的负债结构　　　　　　　　　　单位:%

类别	全国	城镇	农村	东部	中部	西部	东北
农业负债	4.8	1.0	20.5	1.9	4.1	7.8	12.0
工商业负债	15.8	17.0	10.7	16.8	11.9	16.6	12.0
房产负债	64.4	68.6	47.1	69.2	66.7	58.9	54.6
汽车负债	3.4	3.0	5.0	2.4	4.8	3.7	6.2
教育负债	1.8	1.3	3.8	1.1	1.5	2.6	2.7
医疗负债	2.5	1.8	5.5	1.3	4.5	2.7	6.6
信用卡负债	1.4	1.7	0.4	0.9	1.4	2.1	1.0
其他负债	5.9	5.6	7.0	6.4	5.1	5.6	4.9
总负债	100	100	100	100	100	100	100

8.2　家庭负债渠道

8.2.1　家庭的不同渠道负债

本书将通过商业银行、农村信用合作社等金融机构融资的渠道归为正规信贷渠道，将通过亲朋好友、民间金融组织等融资的渠道归为非正规信贷渠道。

表 8-5 展示了我国家庭在负债渠道方面的参与情况。数据显示，从全国范围来看，家庭的负债渠道参与情况呈现出多元化态势。总体家庭参与比例为 29.4%，其中通过正规信

贷渠道参与的家庭比例为 16.4%，通过非正规信贷渠道参与的家庭比例为 19.2%，两种渠道都参与的家庭占 6.2%。

在各类负债中，农业负债的总体家庭参与率为 5.3%，其中通过正规信贷渠道参与的家庭比例仅 1.9%，而通过非正规信贷渠道参与的家庭比例达 4.4%。这表明，在农业负债的获取途径中，非正规信贷渠道相对更为重要。工商业负债的总体家庭参与率为 2.7%，其中通过正规信贷渠道和非正规信贷渠道参与的家庭比例分别为 1.1% 和 2.3%。房产负债作为家庭总负债的重要组成部分，其总体家庭参与率为 15.1%，其中通过正规信贷渠道参与的家庭比例为 9.5%，高于通过非正规信贷渠道参与的家庭比例（7.4%），表明房产负债更多地通过正规信贷渠道获取。汽车负债、教育负债、医疗负债和其他负债也各有不同的家庭参与比例，且正规信贷渠道与非正规信贷渠道的参与情况存在差异，反映出不同类型负债在获取渠道上的不同特点。

表 8-5　我国家庭的负债渠道参与情况　　　　　单位:%

类别	总负债	农业负债	工商业负债	房产负债	汽车负债	教育负债	医疗负债	其他负债
总体	29.4	5.3	2.7	15.1	4.7	3.2	3.8	4.0
正规信贷渠道	16.4	1.9	1.1	9.5	2.5	1.5	0.3	0.7
非正规信贷渠道	19.2	4.4	2.3	7.4	2.3	2.0	3.6	3.4
两者均有	6.2	1.0	0.7	1.8	0.1	0.3	0.1	0.1

注：其他负债包括金融投资负债、耐用品和奢侈品负债及其他未提及的负债。其中，仅金融投资负债明确询问了负债渠道，其他未询问的负债统一归入非正规信贷渠道。

表 8-6 展示了城镇家庭的负债渠道参与情况。数据显示，城镇家庭的负债渠道参与有自身的特点。城镇家庭的总负债参与比例为 27.3%，其中通过正规信贷渠道获得负债的家庭占 18.3%，通过非正规信贷渠道获得负债的家庭占 14.6%，两种渠道都参与的家庭占 5.6%。

在具体负债类型方面，就农业负债而言，城镇家庭的总体参与率仅 1.1%，其中通过正规信贷渠道参与的家庭占 0.3%，通过非正规信贷渠道参与的家庭占 0.9%。这说明涉及农业负债的城镇家庭比例较低，且这些家庭多通过非正规信贷渠道获取资金。

在工商业负债方面，城镇家庭的总体参与率为 3.1%，其中通过正规信贷渠道参与的家庭占 1.3%，通过非正规信贷渠道参与的家庭占 2.6%。

在房产负债方面，城镇家庭的参与率为 16.2%，其中正规信贷渠道的家庭参与率为 12.4%，远超非正规信贷渠道的家庭参与率（5.6%），体现出城镇家庭在购置房产时更倾向于选择正规信贷渠道，这可能与正规信贷渠道在房产交易中的普遍性、便利性有关。

就汽车负债、教育负债、医疗负债和其他负债而言，城镇家庭在正规信贷渠道与非正规信贷渠道上的参与比例也有所不同，反映出城镇家庭在负债选择上受到经济环境、金融服务便利性等因素的影响。

表 8-6   城镇家庭的负债渠道参与情况   单位:%

类别	总负债	农业负债	工商业负债	房产负债	汽车负债	教育负债	医疗负债	其他负债
总体	27.3	1.1	3.1	16.2	4.6	2.4	2.7	3.9
正规信贷渠道	18.3	0.3	1.3	12.4	3.0	1.3	0.1	0.6
非正规信贷渠道	14.6	0.9	2.6	5.6	1.6	1.3	2.6	3.4
两者均有	5.6	0.1	0.8	1.8	0.05	0.2	0.05	0.1

表 8-7 展示了农村家庭的负债渠道参与情况。数据显示，农村家庭的负债渠道参与情况与城镇家庭相比存在较大差异。农村家庭的总负债参与比例为 33.1%，高于城镇家庭的 27.3%。与城镇家庭相比，农村家庭的负债更多来源于非正规信贷渠道。具体来看，农村家庭中通过正规信贷渠道获得负债的占 13.2%，通过非正规信贷渠道获得负债的占 26.9%，同时通过两种渠道获取负债的占 7.0%。这种现象可能与农村地区金融服务的局限性有关，如金融机构网点较少、金融服务覆盖范围有限等。

在农业负债方面，农村家庭的总体参与率较高，达到 12.7%。其中，通过正规信贷渠道获取负债的家庭占 4.7%，而通过非正规信贷渠道获取负债的家庭占 10.5%。这表明在农业负债获取方面，非正规途径占据了较大比例。

在工商业负债方面，农村家庭的总体参与率为 2.1%。其中，通过正规信贷渠道获取负债的家庭占 0.7%，通过非正规信贷渠道获取负债的家庭占 1.9%。

在房产负债方面，农村家庭的总体参与率为 13.3%。其中，通过正规信贷渠道获取负债的家庭占 4.4%，通过非正规信贷渠道获取负债的家庭占 10.4%。

在汽车负债、教育负债、医疗负债和其他负债方面，农村家庭的参与情况也呈现出正规信贷渠道与非正规信贷渠道上的差异，表明农村家庭在获取负债时受到当地经济、金融资源等因素的影响显著。

表 8-7   农村家庭的负债渠道参与情况   单位:%

类别	总负债	农业负债	工商业负债	房产负债	汽车负债	教育负债	医疗负债	其他负债
总体	33.1	12.7	2.1	13.3	4.9	4.5	5.8	4.2
正规信贷渠道	13.2	4.7	0.7	4.4	1.6	1.9	0.6	0.8
非正规信贷渠道	26.9	10.5	1.9	10.4	3.4	3.2	5.4	3.5
两者均有	7.0	2.5	0.5	1.5	0.1	0.6	0.2	0.1

8.2.2 不同负债渠道的负债额度

（1）总负债额度与负债渠道

表 8-8 展示了我国家庭的总负债额度与负债渠道。数据显示，不同区域家庭的负债渠道与负债额度呈现出明显差异。从全国范围来看，2021 年负债家庭的总负债均值为 213 804 元，中位数为 70 000 元。其中，通过正规信贷渠道获取的负债均值为 149 470 元，中位数为 15 000 元；通过非正规信贷渠道获取的负债均值为 64 334 元，中位数为 10 000 元。

分城乡来看，城镇家庭的总负债均值为 292 432 元，中位数为 120 000 元，均远高于全国平均水平。在负债构成上，正规信贷渠道的负债均值为 217 648 元，中位数为 50 000 元；非正规信贷渠道的负债均值为 74 784 元，中位数为 2 000 元。这表明城镇家庭的负债规模较大，且通过正规途径获取的负债占据主导地位，其均值和中位数均较高，反映出城镇家庭在金融市场上与金融机构的联系更为紧密，对正规信贷渠道的依赖度较高。相比之下，农村家庭的总负债均值为 102 521 元，中位数为 42 822 元，均低于全国平均水平。在负债构成上，正规信贷渠道的负债均值为 52 978 元，中位数为 0；非正规信贷渠道的负债均值为 49 543 元，中位数为 20 000 元。可见，农村家庭的负债规模较小，且正规信贷渠道的负债和非正规信贷渠道的负债在均值上较为接近，但中位数差异较大，反映出通过非正规途径获取的负债在农村家庭中占据重要地位，可能是由于农村地区的金融服务覆盖范围不足，因此民间融资成为重要补充。

分区域来看，东部地区家庭的总负债均值最高，达 330 239 元，其中正规信贷渠道的负债均值为 249 645 元，非正规信贷渠道的负债均值为 80 594 元。中部地区、西部地区和东北地区家庭的总负债均值相对较低，分别为 174 028 元、173 450 元和 126 054 元。此外，各区域在正规信贷渠道负债和非正规信贷渠道负债的均值、中位数上也存在差异，反映出不同地区在经济发展、金融环境和家庭负债行为方面的多样性。

表 8-8　我国家庭的总负债额度与负债渠道　　　　　　　单位：元

区域	均值			中位数		
	总负债	正规信贷渠道负债	非正规信贷渠道负债	总负债	正规信贷渠道负债	非正规信贷渠道负债
全国	213 804	149 470	64 334	70 000	15 000	10 000
城镇	292 432	217 648	74 784	120 000	50 000	2 000
农村	102 521	52 978	49 543	42 822	0	20 000
东部	330 239	249 645	80 594	96 000	20 000	4 000
中部	174 028	113 161	60 867	50 000	0	10 000

表8-8(续)

区域	均值			中位数		
	总负债	正规信贷渠道负债	非正规信贷渠道负债	总负债	正规信贷渠道负债	非正规信贷渠道负债
西部	173 450	115 469	57 981	80 000	24 000	12 000
东北	126 054	74 939	51 115	50 000	0	10 000

注：数据针对总负债额度大于零的样本计算得到。

(2) 农业负债额度与负债渠道

表8-9展示了我国家庭的农业负债额度与负债渠道。数据显示，在农业负债额度与负债渠道方面，全国家庭、城镇家庭和农村家庭呈现出一定的差异。从全国范围来看，农业负债家庭的总负债均值为57 200元，中位数为20 000元。其中，正规信贷渠道的负债均值为27 520元，中位数为0；非正规信贷渠道的负债均值为29 680元，中位数为6 000元。这表明在全国范围内，农业负债的额度在正规信贷渠道和非正规信贷渠道分布得较为均衡，但正规信贷渠道的负债中位数为0，说明部分家庭在获取农业负债时未通过正规途径。

分城乡来看，在城镇地区，农业负债家庭的总负债均值为73 705元，高于全国平均水平；中位数为12 000元，低于全国平均水平。其中，正规信贷渠道的负债均值为32 017元，中位数为0元；非正规信贷渠道的负债均值为41 688元，中位数为6 000元。由此可见，城镇家庭的农业负债规模相对较大，且非正规信贷渠道的负债额度均值高于正规信贷渠道。尽管正规信贷渠道的负债中位数为0，但均值相对较高，说明部分城镇家庭能够从正规信贷渠道获得一定规模的农业负债，同时非正规信贷渠道的负债也较为重要。相比之下，在农村地区，农业负债家庭的总负债均值为54 860元，略低于全国平均水平；中位数为20 000元，与全国持平。其中，正规信贷渠道的负债均值为26 883元，中位数为0元；非正规信贷渠道的负债均值为27 977元，中位数为6 000元。这反映出农村家庭的农业负债规模相对较小，正规信贷渠道的负债和非正规信贷渠道的负债额度均值相近，同样存在部分家庭未通过正规途径获取农业负债的情况。数据显示，非正规信贷渠道的负债在农村家庭的农业负债中发挥着关键作用。可能是农村地区的金融服务可获得性相对较低或农村家庭对正规信贷渠道的借贷利率较为敏感等原因，导致农村家庭更多地通过非正规途径来满足农业生产方面的资金需求。

表8-9　我国家庭的农业负债额度与负债渠道　　　　　　　　　　　单位：元

区域	均值			中位数		
	总负债	正规信贷渠道负债	非正规信贷渠道负债	总负债	正规信贷渠道负债	非正规信贷渠道负债
全国	57 200	27 520	29 680	20 000	0	6 000
城镇	73 705	32 017	41 688	12 000	0	6 000
农村	54 860	26 883	27 977	20 000	0	6 000

（3）工商业负债额度与负债渠道

表8-10展示了我国家庭的工商业负债额度与负债渠道。数据显示，在工商业负债额度与负债渠道方面，全国家庭、城镇家庭和农村家庭呈现出明显差异。从全国范围来看，工商业负债家庭的总负债均值为367 612元，中位数为100 000元。其中，正规信贷渠道的负债均值为139 366元，中位数为0元；非正规信贷渠道的负债均值为228 246元，中位数为50 000元。这表明在全国范围内，工商业负债中非正规信贷渠道的负债均值较高，且部分家庭在获取工商业负债时，并未将正规信贷渠道作为首要选择，因为中位数显示，不少家庭没有正规信贷渠道的工商业负债。

分城乡来看，在城镇地区，工商业负债家庭的总负债均值为444 793元，中位数分别为110 000元，均高于全国平均水平。其中，正规信贷渠道的负债均值为165 470元，中位数为0元；非正规信贷渠道的负债均值为279 323元，中位数为57 677元。由此可见，城镇家庭的工商业负债规模较大，且非正规信贷渠道的负债额度均值远超正规信贷渠道。尽管正规信贷渠道的负债中位数为0元，但均值相对可观，说明部分城镇家庭能够从正规信贷渠道获得较高额度的工商业负债，同时民间融资也是重要的资金来源。可能是由于城镇地区的工商业活动更为活跃，资金需求较为多样，因此民间融资在满足部分家庭的资金需求上具有灵活性优势。相比之下，在农村地区，工商业负债家庭的总负债均值为173 635元，中位数为82 500元，均远低于城镇家庭和全国平均水平。其中，正规信贷渠道的负债均值为73 761元，中位数为0元；非正规信贷渠道的负债均值为99 874元，中位数为50 000元。这反映出农村家庭的工商业负债规模较小，且非正规信贷渠道的负债额度均值略高于正规信贷渠道，同样存在部分家庭没有正规信贷渠道的工商业负债的情况。此外，两种信贷渠道的负债中位数与全国相近，说明农村家庭在开展工商业活动时，获取资金的能力相对较弱，通过非正规信贷渠道获取的负债在农村家庭的工商业负债中占据重要地位。这可能是因为在农村地区，金融机构对工商业贷款的限制条件较多，促使农村家庭转向民间融资。

表 8-10　我国家庭的工商业负债额度与负债渠道　　　　　　　单位：元

区域	均值			中位数		
	总负债	正规信贷渠道负债	非正规信贷渠道负债	总负债	正规信贷渠道负债	非正规信贷渠道负债
全国	367 612	139 366	228 246	100 000	0	50 000
城镇	444 793	165 470	279 323	110 000	0	57 677
农村	173 635	73 761	99 874	82 500	0	50 000

（4）房产负债额度与负债渠道

表 8-11 展示了我国家庭的房产负债额度与负债渠道。数据显示，不同地区家庭的房产负债额度与负债渠道存在显著差异。从全国范围来看，房产负债家庭的总负债均值为 268 357 元，中位数为 120 000 元。其中，正规信贷渠道的负债均值为 226 425 元，在总负债中占据主导地位，中位数为 62 819 元；非正规信贷渠道的负债均值为 41 932 元，中位数为 0 元。这表明在全国范围内，房产负债主要依赖正规途径，许多家庭在获取房产负债时未借助非正规信贷渠道。

分城乡来看，在城镇地区，房产负债家庭的总负债均值达 339 117 元，中位数为 200 000元，均高于全国平均水平。其中，正规信贷渠道的负债均值为 298 291 元，中位数为 154 000 元；非正规信贷渠道的负债均值为 40 826 元，中位数为 0 元。可见，城镇家庭的房产负债规模较大，且城镇家庭高度依赖正规途径，因此非正规信贷渠道的负债占比很小。这可能是由于城镇地区的房地产市场更为发达，金融机构提供的房贷产品较为丰富且可获得性高，因此家庭在购房时更倾向于选择正规信贷渠道。相比之下，在农村地区，房产负债家庭的总负债均值为 120 512 元，中位数为 50 000 元，均远低于城镇家庭。其中，正规信贷渠道的负债均值为 76 269 元，中位数为 0 元；非正规信贷渠道的负债均值为 44 243 元，中位数为 20 000 元。可见，农村家庭的房产负债规模较小，虽然正规信贷渠道的负债均值高于非正规信贷渠道，但部分家庭没有通过正规途径获取房产负债，民间融资在农村家庭的房产负债中也有一定占比。

分区域来看，东部地区家庭的总负债均值最高，为 398 043 元。其中，正规信贷渠道的负债均值为 347 715 元。中部地区、西部地区和东北地区家庭的总负债均值依次降低，且各区域在正规信贷渠道和非正规信贷渠道的负债均值、中位数上也各有特点，反映出不同地区的经济发展水平、房地产市场及金融环境对家庭房产负债的影响。

表 8-11　我国家庭的房产负债额度与负债渠道　　　　　　　单位：元

区域	均值			中位数		
	总负债	正规信贷 渠道负债	非正规信贷 渠道负债	总负债	正规信贷 渠道负债	非正规信贷 渠道负债
全国	268 357	226 425	41 932	120 000	62 819	0
城镇	339 117	298 291	40 826	200 000	154 000	0
农村	120 512	76 269	44 243	50 000	0	20 000
东部	398 043	347 715	50 328	150 000	100 000	0
中部	251 330	202 597	48 733	131 271	50 000	10 000
西部	200 268	163 709	36 559	117 600	60 000	0
东北	160 232	140 267	19 965	80 000	55 000	0

（5）汽车负债额度与负债渠道

表 8-12 展示了我国家庭的汽车负债额度与负债渠道。数据显示，汽车负债额度与负债渠道在全国家庭、城镇家庭和农村家庭中呈现出不同特点。

从全国范围来看，汽车负债家庭的总负债均值为 45 723 元，其中正规信贷渠道的负债均值为 32 157 元，非正规信贷渠道的负债均值为 13 566 元，表明正规信贷渠道是我国家庭获取汽车负债的主要途径。

分城乡来看，在城镇地区，汽车负债家庭的总负债均值达 52 602 元，高于全国平均水平。其中，正规信贷渠道的负债均值为 42 661 元，非正规信贷渠道的负债均值为 9 941 元。这显示出城镇家庭的汽车负债规模较大，且城镇家庭对正规信贷渠道的负债依赖程度更高。这可能是因为城镇地区完善的金融服务体系使得居民更容易获取正规途径的汽车贷款。

相比之下，在农村地区，有汽车负债家庭的总负债均值为 34 783 元，低于全国和城镇家庭的平均水平。其中，通过正规信贷渠道获取的负债均值为 15 453 元，通过非正规信贷渠道获取的负债均值为 19 330 元。这说明农村家庭的汽车负债规模较小，且非正规信贷渠道的负债均值高于正规信贷渠道。这可能是由于农村正规金融机构对汽车贷款的限制较多，导致农村居民购车时更倾向于通过民间渠道筹集资金。

表 8-12　我国家庭的汽车负债额度与负债渠道　　　　　　　单位：元

区域	均值			中位数		
	总负债	正规信贷 渠道负债	非正规信贷 渠道负债	总负债	正规信贷 渠道负债	非正规信贷 渠道负债
全国	45 723	32 157	13 566	30 000	10 000	0

表8-12(续)

区域	均值			中位数		
	总负债	正规信贷渠道负债	非正规信贷渠道负债	总负债	正规信贷渠道负债	非正规信贷渠道负债
城镇	52 602	42 661	9 941	38 073	30 000	0
农村	34 783	15 453	19 330	18 000	0	4 000

（6）教育负债额度与负债渠道

表 8-13 展示了我国家庭的教育负债额度与负债渠道。数据显示，教育负债额度与负债渠道在全国家庭、城镇家庭和农村家庭中呈现出显著差异。

从全国范围来看，教育负债家庭的总负债均值为 34 601 元，中位数为 20 000 元。其中，正规信贷渠道的负债均值为 14 773 元，中位数为 0 元；非正规信贷渠道的负债均值为 19 828 元，中位数为 5 000 元。由此可见，非正规信贷渠道的负债比重较大，有相当大一部分家庭未通过正规信贷渠道获取教育负债。

分城乡来看，在城镇地区，教育负债家庭的总负债均值为 41 126 元，高于全国平均水平；中位数为 20 000 元，与全国持平。其中，正规信贷渠道的负债均值为 17 970 元，中位数为 2 000 元；非正规信贷渠道的负债均值为 23 156 元，中位数为 1 000 元。这表明城镇家庭的教育负债规模更大，且大部分家庭拥有正规信贷渠道的负债，但非正规信贷渠道的负债规模超过正规信贷渠道。相比之下，在农村地区，教育负债家庭的总负债均值为 28 603 元，低于全国平均水平与城镇家庭；中位数为 20 000 元，与全国及城镇家庭持平。其中，正规信贷渠道的负债均值为 11 834 元，中位数为 0 元；非正规信贷渠道的负债均值为 16 769 元，中位数为 10 000 元。这意味着农村家庭的教育负债规模较小。此外，非正规信贷渠道的负债均值较高，表明不少家庭未通过正规途径获取教育负债，反映出农村家庭在教育支持上更多地依赖民间融资。

表 8-13　我国家庭的教育负债额度与负债渠道　　　　　　单位：元

区域	均值			中位数		
	总负债	正规信贷渠道负债	非正规信贷渠道负债	总负债	正规信贷渠道负债	非正规信贷渠道负债
全国	34 601	14 773	19 828	20 000	0	5 000
城镇	41 126	17 970	23 156	20 000	2 000	1 000
农村	28 603	11 834	16 769	20 000	0	10 000

（7）医疗负债额度与负债渠道

表 8-14 展示了我国家庭的医疗负债额度与负债渠道。从中我们能够发现，医疗负债

额度与负债渠道在全国家庭、城镇家庭和农村家庭中有着各自的特点。

从全国范围来看，医疗负债家庭的总负债均值为 41 529 元，中位数为 20 000 元。其中，正规信贷渠道的负债均值为 4 653 元，中位数为 0 元；非正规信贷渠道的负债均值为 36 876 元，中位数为 20 000 元。不难看出，非正规信贷渠道的负债在我国家庭的医疗负债中占据主导地位，许多家庭未通过正规途径获取医疗负债。

分城乡来看，在城镇地区，医疗负债家庭的总负债均值为 52 756 元，中位数为 25 000 元，均高于全国平均水平。其中，正规信贷渠道的负债均值为 5 295 元，中位数为 0 元；非正规信贷渠道的负债均值为 47 461 元，中位数为 21 867 元。这显示出城镇家庭的医疗负债规模更大，且非正规信贷渠道的负债规模远超正规信贷渠道。相比之下，在农村地区，医疗负债家庭的总负债均值为 32 547 元，低于全国平均水平与城镇家庭；中位数为 20 000 元，与全国持平。其中，正规信贷渠道的负债均值为 4 139 元，中位数为 0 元；非正规信贷渠道的负债均值为 28 408 元，中位数为 15 000 元。这表明农村家庭的医疗负债规模偏小，非正规信贷渠道的负债起到了关键作用，反映出在医疗领域，许多家庭习惯依赖民间融资来解决燃眉之急。

表 8-14　我国家庭的医疗负债额度与负债渠道　　　　单位：元

区域	均值			中位数		
	总负债	正规信贷渠道负债	非正规信贷渠道负债	总负债	正规信贷渠道负债	非正规信贷渠道负债
全国	41 529	4 653	36 876	20 000	0	20 000
城镇	52 756	5 295	47 461	25 000	0	21 867
农村	32 547	4 139	28 408	20 000	0	15 000

8.3　家庭信贷获得和信贷需求

8.3.1　整体信贷获得和需求

本书将当前持有各类负债的家庭定义为获得信贷的家庭；将当前需要借入资金的家庭定义为有信贷需求的家庭，包括当前获得信贷的家庭及当前有新增信贷需求的家庭。

表 8-15 展示了我国家庭的整体信贷获得和需求情况。数据显示，家庭整体信贷获得情况在全国、城镇地区和农村地区呈现出不同态势。

从全国范围来看，2021 年正规信贷获得比例为 16.4%，正规信贷需求比例为 20.1%，表明正规信贷覆盖了约 81.6% 的有正规信贷需求的家庭，但仍有 18.4% 的家庭的正规信贷需求未被满足。非正规信贷获得比例为 19.2%，非正规信贷需求比例为 23.7%，表明非正规信贷的未覆盖率为 19.0%。

分城乡来看，城乡家庭的信贷获得及信贷需求在结构上表现出显著差异。在正规信贷方面，城镇家庭的获得比例为 18.3%，高于农村家庭的 13.2%，使得未覆盖率仅为 11.6%，远低于农村家庭的 31.6%。这反映出农村家庭在正规信贷渠道面临较大的资金需求缺口。在非正规信贷方面，农村家庭的获得比例为 26.9%，需求比例为 34.6%，均显著高于城镇家庭。这显示出农村家庭对非正规途径的融资依赖度更高，但未覆盖率仍相对突出，达到 22.3%。

整体来看，金融机构在农村地区的信贷渗透仍有较大提升空间。此外，非正规信贷在满足农村家庭的资金需求的同时，其可持续性问题也越来越受到关注。这提示政策制定者应进一步优化农村地区的金融服务，提高正规信贷的可得性，同时加强对非正规信贷的监管，以促进农村经济的健康发展。

表 8-15 　我国家庭的整体信贷获得和需求 　　　单位:%

区域	正规信贷获得比例	正规信贷需求比例	非正规信贷获得比例	非正规信贷需求比例	正规信贷未覆盖率	非正规信贷未覆盖率
全国	16.4	20.1	19.2	23.7	18.4	19.0
城镇	18.3	20.7	14.6	17.3	11.6	15.6
农村	13.2	19.3	26.9	34.6	31.6	22.3

注：信贷未覆盖率是指在有信贷需求的家庭中当前未获得信贷的家庭比例。

8.3.2　农业信贷获得和需求

表 8-16 展示了我国家庭的农业信贷获得和需求情况。数据显示，从全国范围来看，正规信贷获得比例仅为 1.9%，正规信贷需求比例为 3.5%，表明正规信贷覆盖了约 54.3% 的有正规信贷需求的家庭，但仍有 45.7% 的家庭的正规信贷需求未被满足。非正规信贷获得比例为 4.4%，需求比例为 7.3%，表明非正规信贷的未覆盖率为 39.7%。

分城乡来看，农业信贷获得和需求在结构上呈现出显著差异。城镇家庭的正规信贷获得比例为 0.3%，需求比例为 0.6%，未覆盖率高达 50.0%；非正规信贷获得比例为 0.9%，需求比例为 1.7%，未覆盖率为 47.1%。这显示出城镇家庭的农业信贷需求较低，但未被满足的比例较高。相比之下，农村家庭的正规信贷获得比例为 4.7%，需求比例为 8.4%，未覆盖率达 44.0%；非正规信贷获得比例为 10.5%，需求比例为 17.1%，未覆盖率为 38.6%。这表明农村家庭的农业信贷需求远高于城镇家庭。然而，由于金融机构的支持力度不足，即使非正规信贷在一定程度上满足了部分需求，信贷需求缺口也仍然较大。

整体来看，我国家庭的农业信贷可得性偏低，金融机构对农村地区的服务、渗透仍显不足。尽管近年来国家不断加大对农村普惠金融的支持力度，推动金融资源向农村倾斜，但农村地区的金融供求矛盾依然较为突出。非正规信贷能在一定程度上填补需求缺口，但其稳定性较差，存在一定的风险。

表 8-16 我国家庭的农业信贷获得和需求　　　单位:%

区域	正规信贷获得比例	正规信贷需求比例	非正规信贷获得比例	非正规信贷需求比例	正规信贷未覆盖率	非正规信贷未覆盖率
全国	1.9	3.5	4.4	7.3	45.7	39.7
城镇	0.3	0.6	0.9	1.7	50.0	47.1
农村	4.7	8.4	10.5	17.1	44.0	38.6

8.3.3 工商业信贷获得和需求

表 8-17 展示了我国家庭的工商业信贷获得和需求情况。数据显示，从全国范围来看，工商业信贷可得性整体偏低。

在正规信贷方面，工商业信贷的获得比例仅为 1.1%，需求比例为 2.2%，未覆盖率达 50.0%，表明正规信贷对我国家庭的工商业经营支持力度仍然不足。在非正规信贷方面，工商业信贷的获得比例为 2.3%，需求比例为 3.3%，未覆盖率为 30.3%。这显示出非正规信贷在满足工商业融资需求方面发挥了较大作用，但仍有部分需求未被满足。

分城乡来看，工商业信贷获得和需求呈现出显著差异。城镇家庭的正规信贷获得比例为 1.3%，需求比例为 2.2%，未覆盖率为 40.9%，低于全国平均水平；非正规信贷获得比例为 2.6%，需求比例为 3.5%，未覆盖率为 25.7%。这显示出城镇家庭的工商业信贷可得性相对较高，正规和非正规信贷渠道均能较好地满足其资金需求。相比之下，农村家庭的正规信贷获得比例仅 0.7%，需求比例为 2.2%，未覆盖率高达 68.2%，反映出农村家庭在正规融资途径上面临较大障碍；非正规信贷获得比例为 1.9%，需求比例为 3.0%，未覆盖率为 36.7%，可见资金缺口仍然较大。

整体来看，在工商业信贷方面，农村家庭面临着金融服务供给不足的问题，金融机构对农村地区的支持力度亟待加强。非正规信贷虽在一定程度上缓解了资金困难，但其稳定性和安全性仍需进一步强化。

表 8-17 我国家庭的工商业信贷获得和需求　　　单位:%

区域	正规信贷获得比例	正规信贷需求比例	非正规信贷获得比例	非正规信贷需求比例	正规信贷未覆盖率	非正规信贷未覆盖率
全国	1.1	2.2	2.3	3.3	50.0	30.3
城镇	1.3	2.2	2.6	3.5	40.9	25.7
农村	0.7	2.2	1.9	3.0	68.2	36.7

8.3.4 房产信贷获得和需求

表 8-18 展示了我国家庭的房产信贷获得和需求情况。数据显示，从全国范围来看，房产信贷获得和信贷需求呈现出明显的城乡分化特征。

在正规信贷方面，全国家庭的获得比例为 9.5%，需求比例为 11.4%，未覆盖率为 16.7%，表明有 83.3% 的需求家庭已通过正规途径获得融资；在非正规信贷方面，全国家庭的获得比例为 7.4%，需求比例为 8.7%，未覆盖率为 14.9%，覆盖率略高于正规信贷。

分城乡来看，我国家庭的房产信贷获得和需求在结构上存在显著差异。城镇家庭的正规信贷获得比例为 12.4%，需求比例为 14.1%，未覆盖率为 12.1%，显示出城镇家庭具有较高的正规信贷可得性；非正规信贷获得比例为 5.6%，需求比例为 6.9%，未覆盖率为 18.8%，反映出城镇家庭对非正规信贷的依赖度较低，但仍有部分需求未被满足。相比之下，农村家庭的正规信贷获得比例仅 4.4%，需求比例为 6.8%，未覆盖率为 35.3%，表明农村家庭的房产信贷需求中，约有 1/3 未通过正规途径满足；非正规信贷获得比例为 10.4%，需求比例为 11.8%，未覆盖率为 11.9%，显示出农村家庭更依赖非正规信贷渠道，且非正规信贷覆盖率高于正规信贷。

整体来看，我国家庭的房产信贷获得情况表现出明显的城乡二元结构：城镇地区以正规信贷为主，而农村地区则更多地依赖非正规信贷。

表 8-18　我国家庭的房产信贷获得和需求　　　　单位:%

区域	正规信贷获得比例	正规信贷需求比例	非正规信贷获得比例	非正规信贷需求比例	正规信贷未覆盖率	非正规信贷未覆盖率
全国	9.5	11.4	7.4	8.7	16.7	14.9
城镇	12.4	14.1	5.6	6.9	12.1	18.8
农村	4.4	6.8	10.4	11.8	35.3	11.9

8.3.5 其他信贷获得和需求

表 8-19 展示了我国家庭的汽车信贷获得与需求情况。数据显示，从全国范围来看，汽车信贷获得与需求呈现出明显的城乡分化特征。

在正规信贷方面，全国家庭的获得比例为 2.5%，需求比例为 3.1%，未覆盖率为 19.4%，表明有 80.6% 的需求家庭已通过正规途径获得融资；在非正规信贷方面，全国家庭的获得比例为 2.3%，需求比例为 2.8%，未覆盖率为 17.9%，其覆盖率与正规信贷接近。

分城乡来看，我国家庭的汽车信贷获得和需求在结构上存在显著差异。城镇家庭的正规信贷获得比例为 3.0%，需求比例为 3.5%，未覆盖率为 14.3%，显示出城镇家庭具有较高的正规信贷可得性；非正规信贷获得比例为 1.6%，需求比例为 1.9%，未覆盖率为 15.8%，表明城镇家庭对非正规信贷的依赖度较低。相比之下，农村家庭的正规信贷获得比例仅为 1.6%，需求比例为 2.4%，未覆盖率为 33.3%，可见正规信贷的缺口较大；非正规信贷获得比例为 3.4%，需求比例为 4.4%，未覆盖率为 22.7%，显示出农村家庭在获取汽车信贷时更依赖非正规途径，但仍有较大需求未被满足。

整体而言，我国家庭的汽车信贷获得情况表现出明显的城乡二元结构：城镇地区以正规信贷为主，而农村地区则更多依赖非正规信贷。

表 8-19　我国家庭的汽车信贷获得和需求　　　　　　　　　　单位:%

区域	正规信贷获得比例	正规信贷需求比例	非正规信贷获得比例	非正规信贷需求比例	正规信贷未覆盖率	非正规信贷未覆盖率
全国	2.5	3.1	2.3	2.8	19.4	17.9
城镇	3.0	3.5	1.6	1.9	14.3	15.8
农村	1.6	2.4	3.4	4.4	33.3	22.7

表 8-20 展示了我国家庭的教育信贷获得和需求情况。数据显示，从全国范围来看，教育信贷获得与需求呈现出明显的城乡分化特征。

在正规信贷方面，全国家庭的获得比例为 1.5%，需求比例为 2.0%，未覆盖率为 25.0%，表明有 1/4 的需求家庭已通过正规途径获得融资；在非正规信贷方面，全国家庭的获得比例为 2.0%，需求比例为 2.9%，未覆盖率为 31.0%，其覆盖率略低于正规信贷。

分城乡来看，我国家庭的教育信贷获得和需求在结构上存在显著差异。城镇家庭的正规信贷获得比例为 1.3%，需求比例为 1.6%，未覆盖率为 18.8%；非正规信贷获得比例为 1.3%，需求比例为 2.0%，未覆盖率 35.0%。这显示出城镇家庭在教育融资方面对正规信贷的依赖度略高，但仍存在部分需求未得到满足的情况。相比之下，农村家庭的正规信贷获得比例为 1.9%，需求比例为 2.6%，未覆盖率为 26.9%；非正规信贷获得比例为 3.2%，需求比例为 4.3%，未覆盖率 25.6%。这表明农村家庭的教育融资需求更旺盛，但正规信贷支持力度不足，而非正规信贷的覆盖率高于城镇家庭。

整体来看，我国家庭的教育信贷获得情况呈现出以下特点：农村地区教育信贷需求高，但正规信贷服务不足；城镇地区教育信贷需求低，但非正规信贷缺口较大。

表 8-20　我国家庭的教育信贷获得和需求　　　　　　　　　　单位:%

区域	正规信贷获得比例	正规信贷需求比例	非正规信贷获得比例	非正规信贷需求比例	正规信贷未覆盖率	非正规信贷未覆盖率
全国	1.5	2.0	2.0	2.9	25.0	31.0

表8-20(续)

区域	正规信贷获得比例	正规信贷需求比例	非正规信贷获得比例	非正规信贷需求比例	正规信贷未覆盖率	非正规信贷未覆盖率
城镇	1.3	1.6	1.3	2.0	18.8	35.0
农村	1.9	2.6	3.2	4.3	26.9	25.6

表 8-21 展示了我国家庭的医疗信贷获得和需求情况。数据显示，家庭的医疗信贷可得性在不同区域有着显著差异。

在正规信贷方面，全国家庭的获得比例为 0.3%，需求比例为 0.6%，未覆盖率为 50.0%，表明正规信贷对我国家庭的医疗融资支持不足，半数需求未得到满足；在非正规信贷方面，全国家庭的获得比例为 3.6%，需求比例为 4.3%，未覆盖率为 16.3%，其覆盖率显著高于正规信贷。

分城乡来看，我国家庭的医疗信贷获得和需求在结构上呈现出显著差异。城镇家庭的正规信贷获得比例为 0.1%，需求比例为 0.3%，未覆盖率高达 66.7%；非正规信贷获得比例为 2.6%，需求比例为 3.0%，未覆盖率为 13.3%，显示出城镇家庭的医疗融资高度依赖非正规信贷渠道。相比之下，农村家庭的正规信贷获得比例为 0.6%，需求比例为 1.1%，未覆盖率为 45.5%；非正规信贷获得比例为 5.4%，需求比例为 6.5%，未覆盖率为 16.9%。这表明农村家庭的医疗融资需求较为旺盛，且正规信贷的覆盖率高于城镇家庭。

整体来看，我国家庭的医疗信贷获得情况呈现出以下特点：正规金融服务供给不足，而非正规信贷渠道占据主导地位。这一现象在城乡地区均较为明显，尤其是在城镇地区，正规信贷覆盖率较低，非正规信贷渠道成为主要的融资来源。

表 8-21　我国家庭的医疗信贷获得和需求　　　　　　单位:%

区域	正规信贷获得比例	正规信贷需求比例	非正规信贷获得比例	非正规信贷需求比例	正规信贷未覆盖率	非正规信贷未覆盖率
全国	0.3	0.6	3.6	4.3	50.0	16.3
城镇	0.1	0.3	2.6	3.0	66.7	13.3
农村	0.6	1.1	5.4	6.5	45.5	16.9

8.4　家庭债务风险

本节将总负债与可支配收入的比率分解为财务杠杆率和总资产更新速率两部分，具体如式（8-1）所示。

$$\frac{总负债}{可支配收入} = \frac{总负债}{总资产} \times \frac{总资产}{可支配收入} = 财务杠杆率 \times 总资产更新速率 \qquad (8-1)$$

其中，财务杠杆率反映了家庭利用负债累积资产的能力，也反映了家庭的实际负债水平。该比率越高，表明家庭的整体负债水平越高。总资产更新速率则反映了家庭当前实际可支配收入用于重置家庭资产的速度。该比率越低，意味着家庭当前实际可支配收入用于更新家庭资产的速度越快。然而，值得注意的是，总资产更新速率与家庭生命周期密切相关。例如，在新组建家庭中，虽然可支配收入较高，但总资产并不高，因此家庭总资产更新速度依然较快。

根据表 8-22 的数据及式（8-1）的分解，全国家庭的总负债与可支配收入的比率为 69.1%。财务杠杆率的全国平均水平为 5.1%，表明我国家庭的整体负债率较低。总资产更新速率为 13.5，意味着我国家庭需要 13.5 年的可支配收入才能重置现有资产规模。

分城乡来看，城镇家庭的总负债与可支配收入的比率为 71.5%，高于农村家庭的 60.6%。其中，城镇家庭的财务杠杆率为 4.9%，低于农村家庭的 6.2%；城镇家庭的总资产更新速率为 14.5，高于农村家庭的 9.8。这表明城镇家庭的负债水平虽然相对较低，但资产积累速度相对较慢。

分区域来看，东部地区家庭的总负债与可支配收入的比率较高，达到 72.8%，这主要是由于其具备较高的总资产更新速率（17.9）；西部地区家庭的财务杠杆率为 7.1%，表明其偿债压力普遍较大；而东北地区家庭的总资产更新速率最低，为 7.3。

表 8-22　家庭的债务指标与偿债风险指标

区域	总负债与可支配收入的比率/%	财务杠杆率/%	总资产更新速率
全国	69.1	5.1	13.5
城镇	71.5	4.9	14.5
农村	60.6	6.2	9.8
东部	72.8	4.1	17.9
中部	62.3	5.6	11.2
西部	73.9	7.1	10.5
东北	41.7	5.7	7.3

9　家庭收入与支出

9.1　家庭总收入

家庭总收入包括工资性收入、农业收入、工商业收入、财产性收入和转移性收入。

9.1.1　家庭总收入概况

（1）家庭总收入水平

图9-1和图9-2分别展示了2018年与2020年我国家庭总收入均值和中位数的变化情况。从全国范围来看，家庭总收入均值从2018年的76 115元增长至2020年的83 033元，中位数从2018年的50 224元增长至2020年的53 388元，均呈现出稳步上升的态势。

图9-1　家庭总收入均值

图 9-2　家庭总收入中位数

注：①本章对部分收入及支出的极端离群值进行了缩尾处理，所得数据都已处理极值。

　　②家庭总收入的计算口径较以往有所调整：住房拆迁、土地征收、汽车出售、住房出售不再计入家庭总收入。农业收入的计算方法也进行了调整。

　　分城乡来看，城镇家庭总收入均值从 2018 年的 94 378 元增长至 2020 年的 101 910 元，中位数从 66 100 元增长至 72 035 元，增幅较为明显。相比之下，农村家庭总收入均值从 2018 年的 42 355 元提升至 2020 年的 50 752 元，中位数从 24 200 元提升至 27 315 元，增长趋势同样明显。然而，尽管农村家庭总收入有所增长，但其绝对值仍低于城镇家庭。例如，2020 年城镇家庭总收入均值为 101 910 元，而农村家庭总收入均值为 50 752 元，两者相差 51 158 元。

　　这些数据反映出我国城乡家庭在总收入方面存在较大差异。无论是均值还是中位数，城镇家庭的收入水平均明显高于农村家庭，且城乡家庭的收入差距在绝对值上较大。总体来看，尽管农村家庭在收入增幅方面极为明显，但其收入水平仍低于城镇家庭。这说明，农村地区在经济发展和居民收入增长方面仍需持续努力，以进一步缩小城乡家庭的收入差距，促进社会经济的均衡发展。

　　图 9-3 展示了我国不同区域家庭的总收入情况。2020 年，东部地区家庭的总收入均值为 108 359 元，中位数为 69 835 元，均高于其他区域家庭；中部地区家庭的总收入均值为 68 534 元，中位数为 49 626 元；西部地区家庭的总收入均值为 75 114 元，中位数为 49 192元；东北地区家庭的总收入均值为 65 657 元，中位数为 46 900 元。

数据表明，东部地区家庭的收入水平较高，而其他地区家庭相对较低，区域间的收入差距较为明显。这种差异可能与各地区的经济发展水平和产业结构有关。这一现象提示政策制定者在区域经济发展规划中需要关注收入差距问题，从而采取有效措施促进区域协调发展。

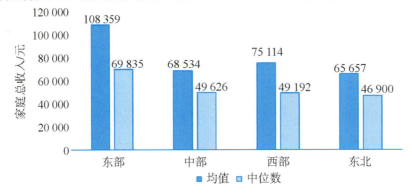

图 9-3　不同区域家庭的总收入

图 9-4 展示了户主学历与家庭总收入之间的关系。数据显示，2020 年，家庭总收入均值随户主学历的提升而显著增长。具体来看，在户主没上过学的家庭中，总收入均值最低，为 30 044 元；而户主学历为硕士、博士研究生的家庭，其总收入均值最高，达到 283 243元。这一趋势表明，户主学历与家庭总收入水平呈显著正相关关系，即户主学历越高，则家庭总收入均值也越高，反映出受教育水平对收入的重要影响。

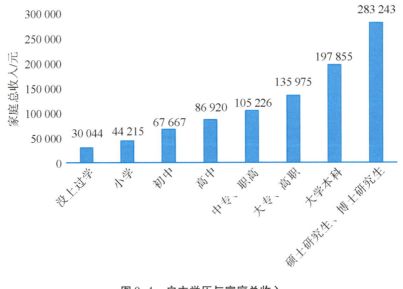

图 9-4　户主学历与家庭总收入

这种正相关关系可能与高学历群体在就业市场上竞争力更强、职业发展机会更多有关。高学历户主可能获得更高的收入、进入更好的职业发展平台，从而带动家庭整体收入水平的提升。相比之下，低学历户主可能面临就业机会不多、职业发展受限等问题，导致家庭整体收入相对较低。

图 9-5 展示了户主年龄与家庭总收入之间的关系。数据显示，家庭总收入的均值和中位数在不同年龄段户主的家庭中存在显著差异。

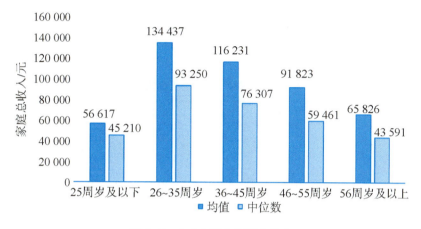

图 9-5   户主年龄与家庭总收入

具体来看，户主年龄在 26～35 周岁的家庭，总收入均值和中位数最高，分别为 134 437元和 93 250 元；其次是户主年龄为 36～45 周岁的家庭，总收入均值为 116 231 元，中位数为 76 307 元；户主年龄为 46～55 周岁的家庭，总收入均值和中位数分别为 91 823 元和 59 461 元；户主年龄在 25 周岁及以下的家庭，总收入均值和中位数最低，分别为 56 617元和 45 210 元；户主年龄在 56 周岁及以上的家庭，总收入均值为 65 826 元，略高于户主年龄在 25 周岁及以下的家庭。

总体来看，家庭总收入水平随户主年龄增长呈现先上升后下降的趋势。户主年龄在 26～35周岁的家庭，总收入达到峰值，随后随户主年龄的增长逐渐下降。26～35 周岁的户主通常处于职业发展的黄金时期，收入水平较高。随着年龄增长，户主可能进入职业发展平台期或面临退休，导致收入逐渐下降。

（2）家庭总收入结构

表 9-1 统计了我国不同区域有相关收入的家庭占比情况。从全国范围来看，54.2%的家庭有工资性收入，35.3%的家庭有农业收入，10.0%的家庭有工商业收入，89.6%的家庭有财产性收入，82.5%的家庭有转移性收入。

分城乡来看，城镇地区有工资性收入的家庭占比为 58.0%，显著高于农村地区的47.8%，这反映出城镇家庭在工资性收入方面更具优势，可能与城镇地区就业机会更多、工资水平较高等因素有关。相比之下，农村地区有农业收入的家庭占比高达 80.9%，远高于城镇地区的 8.7%，表明农村家庭的收入主要依赖于农业，这也体现出农村地区以农业生产为主的经济结构特点。

分区域来看，东部地区有工资性收入的家庭占比为 56.2%，略高于中部地区的 53.7% 和西部地区的 55.7%。这表明东部地区家庭在工资性收入方面更具优势，可能与该地区的经济发展水平较高、产业发达等因素有关。中部地区和西部地区有农业收入的家庭占比相对较高，分别为 39.7% 和 40.3%，高于东部地区的 27.4%。东北地区有工资性收入、工商业收入、财产性收入和转移性收入的家庭占比分别为 43.3%、6.8%、85.5% 和 78.9%，在各地区中处于较低水平。

表 9-1　不同区域有相关收入的家庭占比　　　　　　单位:%

类别	全国	城镇	农村	东部	中部	西部	东北
工资性收入	54.2	58.0	47.8	56.2	53.7	55.7	43.3
农业收入	35.3	8.7	80.9	27.4	39.7	40.3	31.3
工商业收入	10.0	11.1	8.2	10.5	10.0	10.5	6.8
财产性收入	89.6	93.0	83.8	90.0	87.9	91.4	85.5
转移性收入	82.5	83.5	80.9	82.2	83.6	83.1	78.9

表 9-2 统计了家庭总收入的构成情况。从全国范围来看，工资性收入均值为 43 525 元，占家庭总收入的 52.5%，是家庭总收入的主要来源；农业收入均值为 6 148 元，占比 7.4%；工商业收入均值为 4 417 元，占比 5.3%；财产性收入均值为 4 744 元，占比 5.7%；转移性收入均值为 24 199 元，占比 29.1%。

分城乡来看，家庭总收入不仅在量上有别，在结构上也有显著差异。城镇家庭的工资性收入均值为 54 741 元，显著高于农村家庭的 24 344 元。相比之下，农村家庭的农业收入均值为 14 539 元，远高于城镇家庭的 1 240 元，这表明农业收入是农村家庭的主要收入来源之一。此外，城镇家庭的转移性收入均值为 33 857 元，高于农村家庭的 7 684 元，说明城镇家庭的转移性收入相对较高，可能与城镇地区的社会保障体系更完善、养老金更高等因素有关。

表 9-2　家庭总收入的构成情况

类别	全国		城镇		农村	
	均值/元	比例/%	均值/元	比例/%	均值/元	比例/%
工资性收入	43 525	52.5	54 741	53.7	24 344	48.0
农业收入	6 148	7.4	1 240	1.2	14 539	28.6
工商业收入	4 417	5.3	5 381	5.3	2 770	5.5
财产性收入	4 744	5.7	6 691	6.6	1 415	2.8

表9-2(续)

类别	全国		城镇		农村	
	均值/元	比例/%	均值/元	比例/%	均值/元	比例/%
转移性收入	24 199	29.1	33 857	33.2	7 684	15.1
家庭总收入	83 033	100.0	101 910	100.0	50 752	100.0

　　表9-3展示了我国不同区域家庭的总收入结构。从不同类型收入的占比来看,工资性收入是各区域家庭总收入的主要组成部分。在东部地区家庭中,工资性收入占比最高,达到53.9%;中部地区家庭的工资性收入占比为54.2%,西部地区家庭的工资性收入占比为53.1%,两者较为接近;东北地区家庭的工资性收入占比在各区域中最低,仅为37.8%。在农业收入占比方面,东北地区家庭最高,为19.4%;西部地区家庭次之,为10.3%;东部地区家庭最低,仅为2.9%。在工商业收入占比方面,东部地区家庭最高,为5.9%;东北地区家庭最低,为4.3%。在财产性收入占比方面,东部地区家庭最高,为8.2%;其他区域家庭均低于5.0%,其中东北地区家庭最低,仅2.6%。在转移性收入占比方面,东北地区家庭最高,达到35.9%;其次为中部地区家庭,为30.5%;东部地区家庭为29.1%;西部地区家庭为26.9%。

　　总体来看,工资性收入是各区域家庭总收入的核心组成部分。然而,东北地区家庭对工资性收入的依赖度相对较低,对农业收入和转移性收入的依赖度相对较高。东部地区家庭在工资性收入和财产性收入方面表现突出,反映了其收入来源的多样性。这种区域差异可能与各地区的产业结构、就业机会、经济发展水平及政策支持等因素密切相关。东部地区通常拥有较高的经济发展水平和多元化的产业结构,因此能够提供更多的高收入就业机会和财产性收入渠道。

表9-3　不同区域家庭的总收入结构

类别	东部		中部		西部		东北	
	均值/元	比例/%	均值/元	比例/%	均值/元	比例/%	均值/元	比例/%
工资性收入	58 348	53.9	37 136	54.2	39 883	53.1	24 803	37.8
农业收入	3 196	2.9	4 593	6.7	7 728	10.3	12 721	19.4
工商业收入	6 383	5.9	3 115	4.6	3 961	5.3	2 835	4.3
财产性收入	8 882	8.2	2 757	4.0	3 294	4.4	1 683	2.6
转移性收入	31 550	29.1	20 933	30.5	20 248	26.9	23 615	35.9
家庭总收入	108 359	100.0	68 534	100.0	75 114	100	65 657	100.0

　　表 9-4 统计了不同收入水平家庭的总收入构成情况（不包括总收入小于零的家庭）。可以看到，低收入家庭（0%~20%收入组）与高收入家庭（81%~100%收入组）的总收入差距较大，且收入结构存在显著差异。

　　具体来看，低收入家庭的总收入均值为 5 755 元，而高收入家庭的总收入均值达 241 315元，约为低收入家庭的 42 倍。对收入结构进行分析，低收入家庭主要依赖转移性收入和农业收入，这两部分在其总收入中的占比较高。相比之下，高收入家庭则以工资性收入为主，同时工商业收入和财产性收入的占比也较高，这表明高收入家庭在劳动力市场表现强劲，更容易通过投资和经营活动获得收益。

表 9-4　不同收入水平家庭的总收入构成情况　　　　　　单位：元

类别	0%~20%收入组	21%~40%收入组	41%~60%收入组	61%~80%收入组	81%~100%收入组
工资性收入	1 045	9 780	24 794	44 190	136 862
农业收入	1 471	4 594	4 357	5 367	16 757
工商业收入	−102	459	1 843	3 110	20 398
财产性收入	134	782	821	3 143	19 693
转移性收入	3 207	10 513	21 626	36 864	47 604
家庭总收入	5 755	26 128	53 441	92 675	241 315

9.1.2　工资性收入

　　工资性收入包括税后工资、税后奖金和税后补贴。本节仅描述有工资性收入的家庭。

　　（1）工资性收入水平

　　图 9-6 展示了我国家庭的工资性收入情况。从全国范围来看，工资性收入的均值为 80 279 元，中位数为 54 504 元。

　　分城乡来看，城镇家庭的工资性收入均值为 94 386 元，中位数为 66 050 元；而农村家庭的工资性收入均值为 50 980 元，中位数为 36 000 元。可以看到，城镇家庭的工资性收入显著高于农村家庭。这一现象表明，城镇家庭在工资性收入方面具有显著优势，而农村家庭的工资性收入水平相对较低。这种差异可能与城乡之间不同的就业机会、产业结构及劳动力素质有关。

　　图 9-7 展示了不同区域家庭的工资性收入差异。其中，东部地区家庭的工资性收入最高，均值为 103 815 元，中位数为 66 459 元；中部地区家庭次之，工资性收入均值为 69 214元，中位数为 53 000 元；西部地区家庭的工资性收入均值为 71 602 元，中位数为 50 129元；东北地区家庭的工资性收入均值为 57 338 元，中位数为 38 400 元。

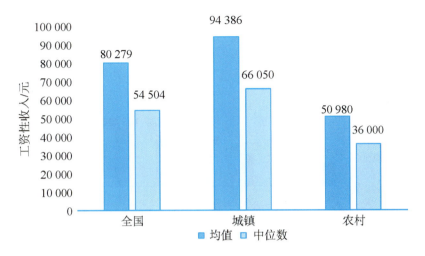

图 9-6　我国家庭的工资性收入

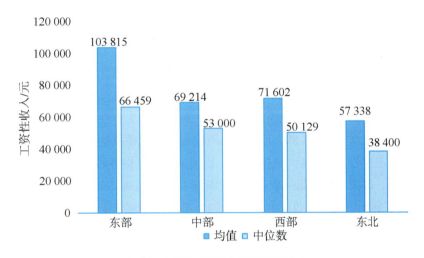

图 9-7　不同区域家庭的工资性收入

　　总体来讲，我国不同区域家庭的工资性收入存在较为明显的差距，东部地区家庭处于领先地位，而东北地区家庭相对滞后。这种差异可能与区域经济发展不均衡有关。东部地区通常有更高的经济发展水平、更合理的产业结构和更多的就业机会等，推动了家庭的工资性收入整体提升。

　　图 9-8 展示了户主学历与家庭的工资性收入之间的关系。总体来看，户主学历与家庭的工资性收入呈显著的正相关关系，即户主学历越高，则家庭的工资性收入也越高。其中，户主没上过学的家庭，其工资性收入均值最低，为 41 178 元；而户主学历为硕士研究生、博士研究生的家庭，其工资性收入最高，为 246 113 元。这一现象表明，户主受教育水平是家庭的工资性收入的重要影响因素之一。

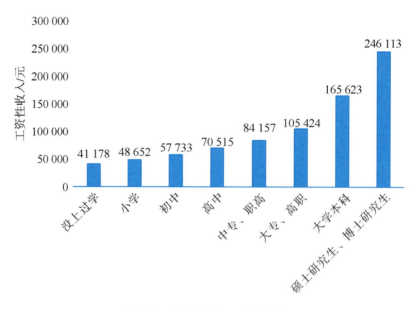

图 9-8　户主学历与工资性收入

　　高学历的户主可能获得更多的就业机会和更高的薪资待遇。因此，提升受教育水平不仅是个体促进自身发展的关键方式，也是家庭改善经济条件的重要途径。

　　表 9-5 展示了第一职业收入和第二职业收入对家庭的工资性收入的贡献。从全国范围来看，第一职业收入均值为 78 802 元，占工资性收入的比重高达 98.2%；第二职业收入均值为 1 477 元，占比仅为 1.8%。数据表明，我国家庭的工资性收入主要依赖第一职业。

　　分城乡来看，城镇家庭的第一职业收入占比更高，达到 98.9%；第二职业收入占比仅为 1.1%；而农村家庭的第二职业收入占比为 4.6%，显著高于城镇家庭。这一现象进一步说明，第一职业收入是工资性收入的主要来源，而第二职业收入对工资性收入的贡献相对有限。

表 9-5　第一、二职业收入对工资性收入的贡献

类别	全国		城镇		农村	
	均值/元	比例/%	均值/元	比例/%	均值/元	比例/%
第一职业收入	78 802	98.2	93 327	98.9	48 635	95.4
第二职业收入	1 477	1.8	1 059	1.1	2 345	4.6
工资性收入	80 279	100.0	94 386	100.0	50 980	100.0

　　（2）工资性收入结构

　　表 9-6 统计了我国家庭的工资性收入（此处仅计算主要工作收入）的构成情况。工资性收入主要由税后工资、税后奖金和税后补贴组成。

从全国范围来看，税后工资是工资性收入的主要组成部分，均值为 62 216 元，占比为 79.0%；税后补贴均值为 4 017 元，占比最低，为 5.0%。

分城乡来看，城镇家庭的税后工资均值为 71 844 元，占比为 77.0%；农村家庭的税后工资均值仅为 42 220 元，占比达到 86.8%。这表明，相较于城镇家庭，农村家庭的工资性收入更依赖于税后工资，且其绝对值较低，这进一步凸显了城乡家庭在收入结构和收入水平上的差异。

表 9-6 工资性收入的构成情况

类别	全国		城镇		农村	
	均值/元	比例/%	均值/元	比例/%	均值/元	比例/%
税后工资	62 216	79.0	71 844	77.0	42 220	86.8
税后奖金	12 569	16.0	16 687	17.9	4 018	8.3
税后补贴	4 017	5.0	4 796	5.1	2 397	4.9
工资性收入	78 802	100.0	93 327	100.0	48 635	100.0

表 9-7 列出了我国不同区域家庭的工资性收入（此处仅计算主要工作收入）的构成情况。东部地区家庭的工资性收入为 102 321 元，显著高于中部地区家庭、西部地区家庭和东北地区家庭，约为东北地区家庭的 1.8 倍。

从收入构成来看，税后工资在中部地区、西部地区和东北地区家庭中的占比分别为 80.9%、80.4% 和 80.2%，都高于东部地区家庭的 76.7%。在税后奖金方面，东部地区家庭的均值为 18 848 元，显著高于中部地区家庭的 8 597 元、西部地区家庭的 10 633 元和东北地区家庭的 7 313 元。税后补贴在各地区家庭中的占比相对较低，且不同区域家庭间的差异较小。数据表明，东部地区家庭在工资性收入的绝对值上具有明显优势，尤其是在税后工资和税后奖金方面表现突出，这可能与东部地区经济发展水平较高、企业效益较好等因素有关。

表 9-7 不同区域家庭的工资性收入结构

类别	东部		中部		西部		东北	
	均值/元	比例/%	均值/元	比例/%	均值/元	比例/%	均值/元	比例/%
税后工资	78 467	76.7	54 638	80.9	56 419	80.4	45 221	80.2
税后奖金	18 848	18.4	8 597	12.7	10 633	15.2	7 313	13.0
税后补贴	5 006	4.9	4 294	6.4	3 096	4.4	3 852	6.8
工资性收入	102 321	100.0	67 529	100.0	70 148	100.0	56 386	100.0

表 9-8 统计了工资性收入（此处仅计算主要工作收入）中包含税后奖金和税后补贴

的家庭占比。从全国范围来看，有税后奖金的家庭占比为 43.7%；有税后补贴的家庭占比为 55.7%，超过半数。

分城乡来看，城镇地区有税后奖金的家庭占比高于农村地区，有税后补贴的家庭占比也高于农村地区。

分区域来看，东部地区有税后奖金和税后补贴的家庭占比均显著高于中部地区、西部地区和东北地区。数据显示，税后奖金和税后补贴在家庭工资性收入中的覆盖范围存在明显差异。城镇家庭和东部地区家庭在获取税后奖金和税后补贴方面更具优势，这可能与当地较高的经济发展水平、合理的就业结构和相对完善企业福利政策有关。

表 9-8　工资性收入中包含税后奖金和税后补贴的家庭占比　　　单位：%

类别	全国	城镇	农村	东部	中部	西部	东北
税后奖金	43.7	50.1	29.0	50.5	40.3	41.7	35.5
税后补贴	55.7	59.9	46.2	59.3	56.0	53.6	51.1

图 9-9 展示了户主学历与有奖金收入的家庭占比之间的关系。数据显示，随着户主学历的提升，有税后奖金和税后补贴的家庭占比均显著增加。具体而言，有税后奖金的家庭占比从 25.0% 上升至 84.3%，有税后补贴的家庭占比从 35.6% 上升至 78.1%。此外，在户主学历为中专、职高及以上的家庭中，有税后补贴的占比均超过 65%。这一趋势表明，学历与奖金的获取机会密切相关。户主提升受教育水平可能增加就业机会，进入更好的职业发展平台，从而提高家庭收入。

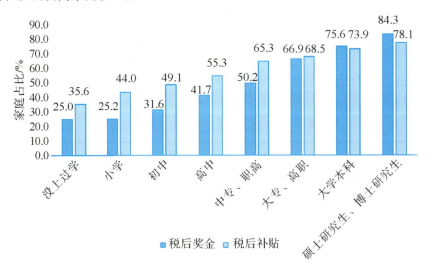

图 9-9　户主学历与有奖金收入的家庭占比

9.1.3 农业收入

农业收入是指家庭从事农业生产经营所获得的净收入，即毛收入减去生产成本（不包括固定资产折旧），再加上从事农业生产经营所获得的实物补贴和货币补贴。生产成本包括因农业生产经营而产生的雇用成本及其他相关成本。本节仅针对从事农业生产经营的家庭进行描述。

表 9-9 展示了我国家庭的农业生产经营收入情况。从全国范围来看，2020 年我国家庭的农业生产经营毛收入为 32 893 元，生产成本为 13 346 元，净收入为 20 172 元，成本率为 40.6%。

分区域来看，东北地区家庭的毛收入为 66 600 元，净收入为 46 406 元，均显著高于其他地区家庭，同时其成本率也是各区域中最低的，仅为 33.0%；东部地区家庭的毛收入为 27 758 元，净收入为 13 902 元，其成本率在所有区域中最高，为 51.7%；西部地区家庭的净收入为 21 966 元，略高于中部地区家庭的 13 395 元。

表 9-9 我国家庭的农业生产经营收入

类别	全国	东部	中部	西部	东北
毛收入/元	32 893	27 758	22 177	34 754	66 600
生产成本/元	13 346	14 358	9 297	13 310	21 974
补贴/元	625	502	515	522	1 780
净收入/元	20 172	13 902	13 395	21 966	46 406
成本率/%	40.6	51.7	41.9	38.3	33.0

注：净收入＝毛收入−生产成本＋补贴；成本率＝生产成本/毛收入×100%。

9.1.4 工商业收入

工商业收入是指家庭从事工商业经营项目（主要包括个体经营和自主创业）所获得的净收入。本节仅针对从事工商业经营并实现盈利的家庭进行描述。

图 9-10 统计了我国家庭的工商业收入情况。2020 年，我国家庭的工商业收入均值为 92 986 元。其中，城镇家庭的工商业收入均值为 104 247 元，显著高于农村家庭的 67 592元。

图 9-11 统计了不同区域家庭的工商业收入情况。数据显示，东部地区家庭的工商业收入均值最高，达到 113 154 元，显著高于中部地区家庭的 69 114 元、西部地区家庭的 89 716元和东北地区家庭的 80 402 元。这反映出东部地区家庭在工商业经营活动中的显著优势，可能得益于当地良好的经济环境、充足的市场机会及较高的消费水平。

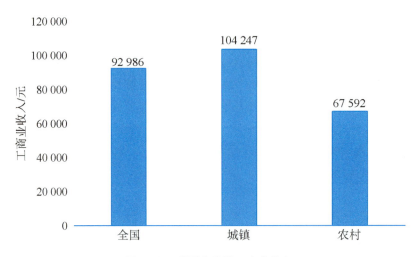

图 9-10   我国家庭的工商业收入

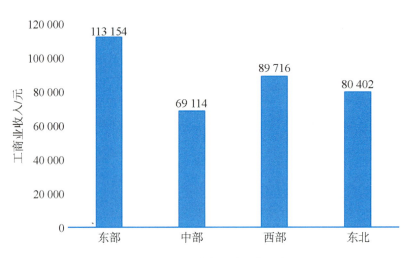

图 9-11   不同区域家庭的工商业收入

表 9-10 比较了不同行业家庭的工商业收入情况。数据显示，2020 年，从事建筑业的家庭，其工商业收入均值最高，达到 260 157 元；从事制造业的家庭，其工商业收入均值为 180 225 元，位居第二；从事农、林、牧、渔业的家庭，其工商业收入均值为 180 112元，位居第三。这表明上述行业具有较强的盈利能力。

表 9-10   不同行业家庭的工商业收入

所属行业	均值/元	家庭占比/%
建筑业	260 157	4.5
制造业	180 225	4.3

表9-10(续)

所属行业	均值/元	家庭占比/%
农、林、牧、渔业	180 112	3.8
批发和零售业	75 973	48.9
居民服务和其他服务业	68 661	9.7
住宿和餐饮业	61 393	11.2
交通运输、仓储及邮政业	55 741	4.3
其他	121 389	13.3

9.1.5　财产性收入

(1) 财产性收入水平

财产性收入主要包括金融资产收入、房屋土地出租收入和其他财产性收入。其中，金融资产收入包括定期存款利息、股票差价或分红、债券投资收益、基金差价或分红、金融衍生品收益、金融理财产品收益、非人民币资产投资收益，以及黄金和外汇等投资收入。房屋土地出租收入包括土地出租获得的租金及土地分红、房屋租金及商铺租金等。其他财产性收入主要包括集体经济分红。本节仅针对有财产性收入的家庭进行描述。

图9-12展示了我国家庭的财产性收入情况。从全国范围来看，财产性收入均值为5 293元。

分城乡来看，城镇家庭的财产性收入均值为7 191元，显著高于农村家庭的1 689元，城乡家庭之间的差异较大。

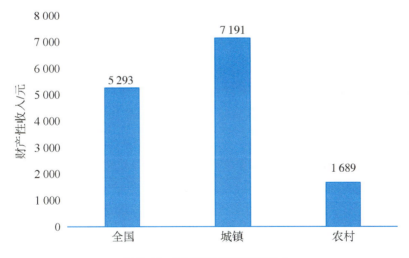

图 9-12　我国家庭的财产性收入

　　图 9-13 展示了不同区域家庭的财产性收入情况。东部地区家庭的财产性收入均值达到 9 870 元，显著高于中部地区家庭的 3 138 元、西部地区家庭的 3 605 元和东北地区家庭的 1 969 元。这表明东部地区家庭在财产性收入方面表现突出，而中部地区、西部地区和东北地区家庭的财产性收入偏低。

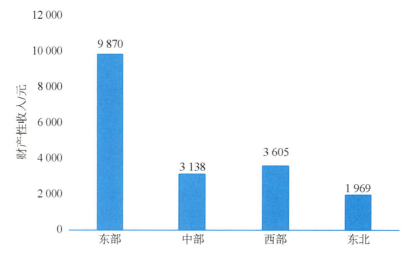

图 9-13　不同区域家庭的财产性收入

（2）财产性收入结构

　　表 9-11 统计了我国家庭的财产性收入结构及城乡差异。从全国范围来看，2020 年我国家庭的金融资产收入均值为 2 717 元，占比达到 51.3%，表明金融资产收入是财产性收入的主要来源；房屋土地出租收入次之，均值为 2 333 元，占比为 44.1%；其他财产性收入最低，均值为 243 元，占比为 4.6%。

　　分城乡来看，城镇家庭的金融资产收入均值为 3 859 元，显著高于农村家庭的 548 元。城镇家庭的房屋土地出租收入均值为 3 060 元，占比为 42.6%，其中房租收入占 40.6%，地租收入占 2.0%。相比之下，农村家庭的房屋土地出租收入均值为 953 元，占比为 56.4%，其中地租收入占 28.0%，显著高于城镇家庭，反映出农村家庭对土地资源的依赖程度较高。

表 9-11　我国家庭的财产性收入结构及城乡差异

类别	全国		城镇		农村	
	均值/元	比例/%	均值/元	比例/%	均值/元	比例/%
金融资产收入	2 717	51.3	3 859	53.7	548	32.4
房屋土地出租收入	2 333	44.1	3 060	42.6	953	56.4

表9-11（续）

类别	全国		城镇		农村	
	均值/元	比例/%	均值/元	比例/%	均值/元	比例/%
——房租收入	2 078	39.3	2 920	40.6	480	28.4
——地租收入	255	4.8	140	2.0	473	28.0
其他财产性收入	243	4.6	272	3.7	188	11.2
财产性收入	5 293	100.0	7 191	100.0	1 689	100.0

表 9-12 展示了不同区域家庭的财产性收入构成情况。可以看到，各区域家庭在财产性收入结构上存在显著差异。

具体来看，东部地区家庭的金融资产收入占比最高，达到 56.6%；其次是东北地区家庭，占比为 53.4%；中部地区家庭的金融资产收入占比为 49.0%；西部地区家庭的金融资产收入占比为 40.6%。数据显示，东部地区家庭在金融资产收入方面具有显著优势，这可能与当地丰富的金融资产积累和较高的投资活跃度有关。

在房屋土地出租收入方面，西部地区家庭的占比最高，为 52.1%；中部地区家庭次之，占比为 46.7%；东部地区家庭的占比为 39.8%；东北地区家庭的占比为 45.9%。其中，房租收入在西部地区家庭中的占比最高，达到 45.3%；而地租收入在东北地区家庭中的占比最高，为 29.4%，反映出东北地区家庭对土地资源的高度依赖。

表 9-12　不同区域家庭的财产性收入构成情况

类别	东部		中部		西部		东北	
	均值/元	比例/%	均值/元	比例/%	均值/元	比例/%	均值/元	比例/%
金融资产收入	5 590	56.6	1 537	49.0	1 465	40.6	1 050	53.4
房屋土地出租收入	3 921	39.8	1 467	46.7	1 877	52.1	904	45.9
——房租收入	3 688	37.4	1 306	41.6	1 631	45.3	325	16.5
——地租收入	233	2.4	161	5.1	246	6.8	579	29.4
其他财产性收入	359	3.6	134	4.3	263	7.3	15	0.7
财产性收入	9 870	100.0	3 138	100.0	3 605	100.0	1 969	100.0

9.1.6　转移性收入

转移性收入主要包括政府转移收入、私人转移收入和商业保险理赔。其中，政府转移收入涵盖退休养老收入、失业保险收入、政府非农救助或补贴（如抚恤金、自然灾害补助金、医疗救助金、五保户补贴、临时救助金、低保等）及公积金提取。私人转移收入包括关系收入（如节假日收入、红白喜事收入、教育及生活费支持、继承财产、捐赠或资助等）、他人代付医疗费和其他收入（如辞退金、稿酬等）。本节仅针对有转移性收入的家庭进行描述。

（1）转移性收入水平

图9-14展示了我国家庭的转移性收入情况。从全国范围来看，2020年，转移性收入均值为31 785元，中位数为13 156元。数据表明，转移性收入的分布存在较大差异，高收入家庭对均值的拉动作用较为明显。

分城乡来看，城镇家庭的转移性收入均值为43 629元，中位数为30 600元，相应高于农村家庭的10 437元和4 556元。这一城乡差异可能与城镇地区更完善的社会保障体系、更高的退休金水平有关。相比之下，农村家庭的转移性收入相对较低。因此，在制定政策时，应更加关注农村地区社会保障制度的健全和转移支付机制的完善，以缩小城乡收入差距，促进社会公平。

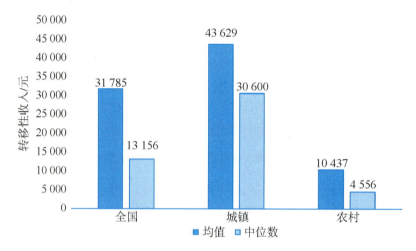

图9-14　我国家庭的转移性收入

图9-15统计了我国不同区域家庭的转移性收入情况。数据显示，东部地区家庭的转移性收入均值最高，达到40 799元，中位数为18 100元，显著高于其他地区家庭。中部地区家庭的转移性收入均值为27 219元，中位数为12 000元；西部地区家庭的转移性收入均值为26 821元，中位数为9 912元；东北地区家庭的转移性收入均值为32 288元，中位数为24 000元。这一分布差异可能与各地区不同的经济发展水平、社会保障体系完善程度及政策支持力度有关。

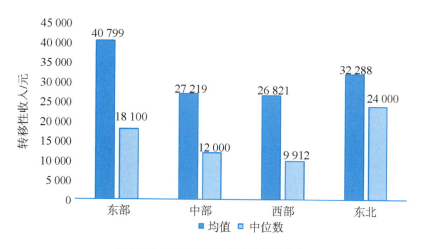

图 9-15　不同区域家庭的转移性收入

（2）转移性收入结构

表 9-13 统计了我国家庭的转移性收入构成情况及城乡差异。从全国范围来看，政府转移收入是转移性收入的主要来源，占比 85.2%，均值为 27 077 元；私人转移收入占比 14.4%，均值为 4 570 元；商业保险理赔占比 0.4%，均值为 139 元。在政府转移收入中，退休养老收入占比最高，达到 75.3%；其次是公积金提取，占比 7.0%；政府非农救助或补贴占比 2.7%。在私人转移收入中，关系收入占比 10.4%，他人代付医疗费占比 2.9%。

分城乡来看，家庭的转移性收入在结构上存在较大差异。城镇家庭的政府转移收入占 88.9%，私人转移收入占 10.7%，商业保险理赔占 0.4%；农村家庭的政府转移收入占 57.1%，私人转移收入占 42.4%，商业保险理赔占 0.5%。城镇家庭以政府转移收入为主，尤其是退休养老收入（占 79.5%）和公积金提取（占 7.7%）。相比之下，农村家庭则更依赖退休养老收入（占 43.6%）、私人转移收入（占 42.4%）及政府非农救助或补贴（占 11.8%）。这种城乡差异可能源于城镇地区有更加完善的社会保障体系和较高的退休金、养老金，而农村地区则更依赖家庭内部的经济支持和政府部门的补贴。

表 9-13　我国家庭的转移性收入构成情况及城乡差异

类别	全国		城镇		农村	
	均值/元	比例/%	均值/元	比例/%	均值/元	比例/%
政府转移收入	27 077	85.2	38 795	88.9	5 955	57.1
——退休养老收入	23 925	75.3	34 673	79.5	4 549	43.6
——失业保险收入	58	0.2	84	0.2	13	0.1
——政府非农救助或补贴	858	2.7	649	1.5	1 234	11.8

表9-13(续)

类别	全国		城镇		农村	
	均值/元	比例/%	均值/元	比例/%	均值/元	比例/%
——公积金提取	2 236	7.0	3 389	7.7	159	1.6
私人转移收入	4 570	14.4	4 649	10.7	4 427	42.4
——关系收入	3 296	10.4	3 552	8.2	2 833	27.1
——他人代付医疗费	932	2.9	667	1.5	1 411	13.5
——其他收入	342	1.1	430	1.0	183	1.8
商业保险理赔	139	0.4	185	0.4	55	0.5
转移性收入	31 786	100.0	43 629	100.0	10 437	100.0

表 9-14 展示了东部地区、中部地区、西部地区和东北地区家庭的转移性收入构成情况。可以看出，政府转移收入是各区域家庭转移性收入的主要来源。其中，东北地区家庭的政府转移收入占比最高，为 88.4%；其次是东部地区家庭，政府转移收入占比为 87.4%；西部地区家庭的政府转移收入占比 84.0%；中部地区家庭的占比最低，为 80.9%。

在具体项目中，退休养老收入在东北地区家庭中占比最高，达到 82.2%。政府非农救助或补贴在西部地区家庭中占比最高，为 3.9%。公积金提取在东部地区家庭中占比最高，为 9.5%。私人转移收入在中部地区家庭中占比最高，为 18.7%；西部地区家庭次之，私人转移收入占比为 15.7%；东北地区家庭的私人转移收入占比最低，为 11.1%。其中，关系收入和他人代付医疗费在中部地区家庭中占比最高，分别为 12.7% 和 4.6%。商业保险理赔在各区域家庭中的占比都较低，且区域间的差异不大。

表 9-14　不同区域家庭的转移性收入构成情况

类别	东部		中部		西部		东北	
	均值/元	比例/%	均值/元	比例/%	均值/元	比例/%	均值/元	比例/%
政府转移收入	35 649	87.4	22 015	80.9	22 519	84.0	28 557	88.4
——退休养老收入	31 032	76.1	19 896	73.1	19 710	73.5	26 538	82.2
——失业保险收入	112	0.3	26	0.1	39	0.2	31	0.1
——政府非农救助或补贴	632	1.5	861	3.2	1 053	3.9	818	2.5
——公积金提取	3 873	9.5	1 232	4.5	1 717	6.4	1 170	3.6
私人转移收入	4 930	12.1	5 088	18.7	4 217	15.7	3 597	11.1
——关系收入	3 852	9.4	3 451	12.7	2 873	10.7	2 783	8.6

表9-14（续）

类别	东部		中部		西部		东北	
	均值/元	比例/%	均值/元	比例/%	均值/元	比例/%	均值/元	比例/%
——他人代付医疗费	801	2.0	1 258	4.6	914	3.4	698	2.1
——其他收入	277	0.7	379	1.4	430	1.6	116	0.4
商业保险理赔	220	0.5	116	0.4	85	0.3	134	0.5
转移性收入	40 799	100.0	27 219	100.0	26 821	100.0	32 288	100.0

9.2 家庭总支出

家庭总支出包括家庭的消费性支出、转移性支出和个人缴纳的保险支出。

9.2.1 家庭总支出概况

（1）家庭总支出水平

图9-16和图9-17展示了2018年、2020年我国家庭的总支出均值及中位数的变化情况。从全国范围来看，家庭的总支出呈现出明显的增长趋势。城乡家庭均表现出这一特点，但城镇家庭的总支出水平显著高于农村家庭，反映出城乡家庭在消费水平和生活成本上存在较大差距。具体而言，2020年全国家庭的总支出均值为88 529元，较2018年的83 498元有所增长；中位数为63 500元，较2018年的60 140元有所提高。

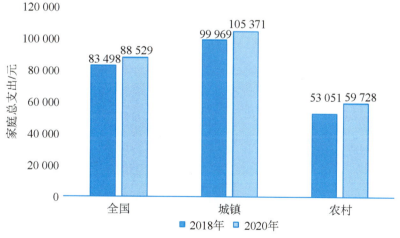

图9-16 家庭总支出均值

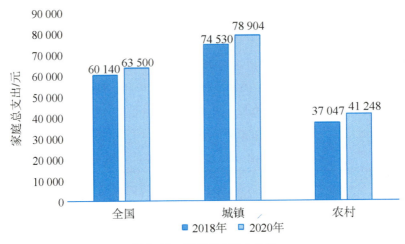

图 9-17　家庭总支出中位数

注：本节使用了更新后的 2019 年中国家庭金融调查数据，并对消费支出的统计口径进行了调整。

　　分城乡来看，2020 年城镇家庭的总支出均值达到 105 371 元，较 2018 年的 99 969 元增加了 5 402 元；中位数为 78 904 元，较 2018 年的 74 530 元提高了 4 374 元。相比之下，农村家庭的总支出水平虽然较低，但也呈现出显著的增长趋势。2020 年，农村家庭的总支出均值为 59 728 元，较 2018 年的 53 051 元增加了 6 677 元；中位数为 41 248 元，较 2018 年的 37 047 元提高了 4 201 元。

　　图 9-18 展示了我国不同区域家庭的总支出情况。其中，东部地区家庭的总支出均值最高，达到 106 560 元，中位数为 76 114 元，显著高于其他地区家庭。中部地区家庭的总支出均值为 77 958 元，中位数为 57 508 元；西部地区家庭的总支出均值为 84 897 元，中位数为 60 833 元；东北地区家庭的总支出均值为 68 776 元，中位数为 51 700 元。

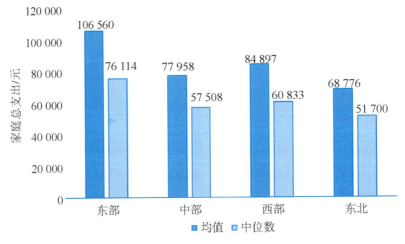

图 9-18　不同区域家庭的总支出

（2）家庭总支出结构

表 9-15 展示了我国家庭的总支出构成情况及城乡差异。从全国范围来看，消费性支出是家庭总支出的主要组成部分，均值为 76 180 元，占比 86.1%；保险支出均值为 8 795 元，占比 9.9%；转移性支出均值为 3 554 元，占比最低，为 4.0%。

分城乡来看，城镇家庭的消费性支出占比为 84.4%，保险支出占比为 11.4%，转移性支出占比为 4.2%。相比之下，农村家庭的消费性支出占比更高，为 91.0%，保险支出占比为 5.5%，转移性支出占比为 3.5%。数据显示，城镇家庭中的保险支出占比显著高于农村家庭，反映出城镇家庭在风险管理和财务规划方面的意识更强。

表 9-15　我国家庭的总支出构成情况及城乡差异

类别	全国		城镇		农村	
	均值/元	比例/%	均值/元	比例/%	均值/元	比例/%
消费性支出	76 180	86.1	88 927	84.4	54 380	91.0
转移性支出	3 554	4.0	4 420	4.2	2 075	3.5
保险支出	8 795	9.9	12 024	11.4	3 273	5.5
家庭总支出	88 529	100.0	105 371	100.0	59 728	100.0

表 9-16 展示了我国不同区域家庭的总支出构成情况。数据显示，东部地区、中部地区、西部地区和东北地区家庭在总支出结构上存在明显差异。

具体而言，消费性支出在各区域家庭的总支出中均占据主导地位。其中，东部地区家庭的消费性支出均值为 89 987 元，占比 84.4%；中部地区家庭的消费性支出均值为 67 595 元，占比 86.7%；西部地区家庭的消费性支出均值为 74 220 元，占比 87.4%；东北地区家庭的消费性支出均值为 58 883 元，占比 85.6%。尽管西部地区家庭的消费性支出占比最高，但东部地区家庭的消费性支出绝对值显著高于其他区域家庭。此外，保险支出的占比在东部地区家庭中最高，比最低的中部地区家庭高出 3.5 个百分点。

表 9-16　不同区域家庭的总支出构成情况

类别	东部		中部		西部		东北	
	均值/元	比例/%	均值/元	比例/%	均值/元	比例/%	均值/元	比例/%
消费性支出	89 987	84.4	67 595	86.7	74 220	87.4	58 883	85.6
转移性支出	4 090	3.9	3 938	5.1	3 019	3.6	3 118	4.6
保险支出	12 483	11.7	6 425	8.2	7 658	9.0	6 775	9.8
家庭总支出	106 560	100.0	77 958	100.0	84 897	100.0	68 776	100.0

9.2.2 消费性支出

消费性支出是指家庭在日常生活中所发生的支出，涵盖食品、衣着、生活起居、日用品及耐用品、交通通信、教育娱乐、医疗保健、其他等八个方面。

（1）消费性支出水平

图 9-19 展示了我国家庭的消费性支出情况。从全国范围来看，消费性支出均值为 76 180元，中位数为 55 120 元。

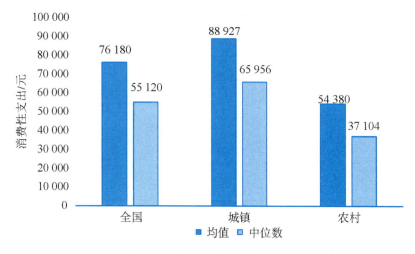

图 9-19　我国家庭的消费性支出

分城乡来看，城镇家庭的消费性支出均值为 88 927 元，中位数为 65 956 元，相应高于农村家庭的 54 380 元和 37 104 元。这一差异可能与城镇地区的物价水平较高、消费需求多样化及收入水平较高等因素有关。相比之下，农村家庭的消费性支出较低，可能与其收入水平不高、消费能力有限有关。

图 9-20 展示了我国不同区域家庭的消费性支出情况。数据显示，东部地区家庭的消费性支出均值最高，达到 89 987 元，中位数为 65 014 元，显著高于其他地区家庭。中部地区家庭的消费性支出均值为 67 595 元，中位数为 49 152 元；西部地区家庭的消费性支出均值为 74 220 元，中位数为 53 960 元；东北地区家庭的消费性支出均值为 58 883 元，中位数为 44 660 元。数据显示，东部地区的消费性支出显著高于其他地区，这可能与当地的经济发展水平和收入水平密切相关。

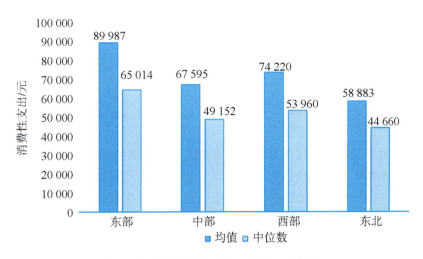

图 9-20　不同区域家庭的消费性支出情况

（2）消费性支出结构

表 9-17 统计了我国家庭的消费性支出构成情况及城乡差异。从全国范围来看，食品支出是消费性支出的主要组成部分，均值为 26 062 元，占比 34.2%；其次是交通通信支出，均值为 13 699 元，占比 18.0%；生活起居支出均值为 9 139 元，占比为 12.0%。这三类支出累计占 64.2%，构成了消费性支出的核心部分。

分城乡来看，城乡家庭在消费性支出的结构上存在显著差异。城镇家庭的消费性支出结构与全国整体情况基本一致。然而，在农村家庭的消费性支出中，医疗保健支出占 15.2%，取代生活起居支出成为第三大支出类别，显著高于城镇家庭的 9.8%，反映出农村家庭面临较为沉重的医疗费用负担。此外，城镇家庭在交通通信、日用品及耐用品、教育娱乐等方面的支出占比都高于农村家庭，体现了城镇家庭在消费性支出上的多样性。

表 9-17　我国家庭的消费性支出构成情况及城乡差异

类别	全国		城镇		农村	
	均值/元	比例/%	均值/元	比例/%	均值/元	比例/%
食品支出	26 062	34.2	30 007	33.8	19 314	35.5
衣着支出	2 128	2.8	2 597	2.9	1 328	2.4
生活起居支出	9 139	12.0	10 835	12.2	6 238	11.5
日用品及耐用品支出	8 165	10.7	10 149	11.4	4 774	8.8
交通通信支出	13 699	18.0	16 248	18.3	9 339	17.2
教育娱乐支出	6 754	8.9	8 478	9.5	3 805	7.0
医疗保健支出	8 564	11.2	8 746	9.8	8 251	15.2

表9-17(续)

类别	全国		城镇		农村	
	均值/元	比例/%	均值/元	比例/%	均值/元	比例/%
其他支出	1 669	2.2	1 867	2.1	1 331	2.4
消费性支出	76 180	100.0	88 927	100.0	54 380	100.0

表9-18统计了我国不同区域家庭的消费性支出的构成情况。其中,食品支出在各区域家庭中均占据主导地位,且占比差异不大。然而,东部地区家庭的食品支出均值为31 329元,显著高于其他区域家庭。交通通信支出占比在西部地区家庭中最高,达到19.1%,反映出其特殊的地理位置特点和较高的交通需求。值得注意的是,第三大支出类别在各区域家庭间存在显著差异:东部地区家庭为生活起居支出,占比12.9%;而中部地区、西部地区和东北地区家庭则为医疗保健支出,占比分别为12.8%、11.8%和12.8%。这一差异表明,东部地区家庭在生活品质提升方面的支出更多,而中部地区、西部地区和东北地区家庭则在医疗保健方面有较大的支出需求。

表9-18 不同区域家庭的消费性支出构成情况

类别	东部		中部		西部		东北	
	均值/元	比例/%	均值/元	比例/%	均值/元	比例/%	均值/元	比例/%
食品支出	31 329	34.8	23 438	34.7	24 409	32.9	21 606	36.7
衣着支出	2 240	2.5	1 974	2.9	2 243	3.0	1 661	2.8
生活起居支出	11 650	12.9	7 905	11.7	8 562	11.6	6 146	10.4
日用品及耐用品支出	10 488	11.7	6 515	9.6	7 736	10.4	6 104	10.4
交通通信支出	16 203	18.0	11 001	16.3	14 178	19.1	9 771	16.6
教育娱乐支出	7 908	8.8	6 094	9.0	6 619	8.9	5 067	8.6
医疗保健支出	8 619	9.6	8 632	12.8	8 744	11.8	7 523	12.8
其他支出	1 550	1.7	2 036	3.0	1 729	2.3	1 005	1.7
消费性支出	89 987	100.0	67 595	100.0	74 220	100.0	58 883	100.0

9.2.3 转移性支出

转移性支出是指家庭给予家庭成员以外的人或组织的现金或非现金支出,包括节假日支出、红白喜事支出、教育资助、医疗资助、生活费资助、捐赠及其他支出。本节仅针对有转移性支出的家庭进行描述。

（1）转移性支出水平

图 9-21 展示了我国家庭的转移性支出情况。从全国范围来看，2020 年转移性支出均值为 5 641 元，中位数为 2 975 元。

分城乡来看，城镇家庭的转移性支出均值为 6 428 元，中位数为 3 000 元，相应高于农村家庭的 3 929 元和 2 000 元。这一差异可能与城镇家庭收入较高、社交活动更频繁、支付能力较强等因素有关。

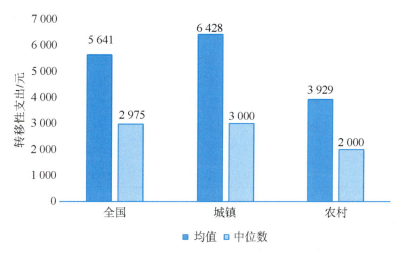

图 9-21　我国家庭的转移性支出

图 9-22 展示了我国不同区域家庭的转移性支出情况。数据显示，东部地区家庭的转移性支出均值最高，达到 6 407 元，中位数为 3 000 元；中部地区家庭的转移性支出均值为 5 651 元，中位数为 3 000 元；西部地区家庭的转移性支出均值为 5 068 元，中位数为 2 400元；东北地区家庭的转移性支出均值为 5 283 元，中位数为 2 550 元。

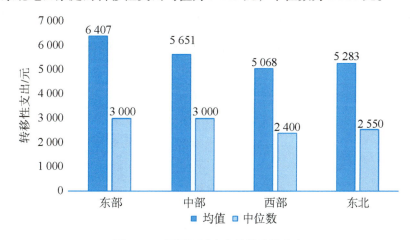

图 9-22　不同区域家庭的转移性支出

表 9-19 统计了不同收入水平家庭的转移性支出情况。数据显示，随着收入水平的提高，有转移性支出的家庭比例和转移性支出额度均逐渐增加。然而，尽管低收入家庭（0%~20%收入组）的转移性支出额度较低，但其占家庭总收入的比例最高，达到 25.6%。这反映了低收入家庭在转移性支出方面面临较重负担。

表 9-19   不同收入水平家庭的转移性支出

收入分组	有转移性支出的家庭比例/%	转移性支出额度/元	家庭总收入/元	转移性支出占家庭总收入的比重/%
0%~20%收入组	43.9	1 476	5 755	25.6
21%~40%收入组	55.5	2 237	26 128	8.6
41%~60%收入组	65.4	3 449	53 441	6.5
61%~80%收入组	69.9	4 221	92 675	4.6
81%~100%收入组	73.0	6 111	241 315	2.5
总计	61.9	3 542	85 353	4.1

注：上述分析仅针对总收入为正的家庭，不限制其是否拥有转移性支出。若无转移性支出，则记为 0。

（2）转移性支出结构

表 9-20 统计了我国家庭的转移性支出的构成情况及城乡差异。从全国范围来看，节假日支出的均值为 2 054 元，在转移性支出中的占比最高，达到 36.4%；其次是红白喜事支出，均值为 1 920 元，占比 34.0%。这两类支出构成了转移性支出的主体。

分城乡来看，节假日支出和红白喜事支出是城乡家庭的转移性支出的主要组成部分。城镇家庭的节假日支出占比更高，为 37.7%；而红白喜事支出占比为 30.5%。相比之下，农村家庭的红白喜事支出占比更高，达到 46.6%；而节假日支出占比仅为 31.7%，比红白喜事支出占比低 14.9 个百分点。这种差异可能与城乡地区不同的社会习俗、经济发展水平有关。

表 9-20   我国家庭的转移性支出构成情况及城乡差异

类别	全国		城镇		农村	
	均值/元	比例/%	均值/元	比例/%	均值/元	比例/%
节假日支出	2 054	36.4	2 425	37.7	1 246	31.7
红白喜事支出	1 920	34.0	1 962	30.5	1 830	46.6
教育资助	387	6.9	475	7.4	197	5.0
医疗资助	210	3.7	238	3.7	149	3.8
生活费资助	479	8.5	617	9.6	177	4.5

表9-20（续）

类别	全国		城镇		农村	
	均值/元	比例/%	均值/元	比例/%	均值/元	比例/%
捐赠或资助	114	2.0	136	2.2	66	1.7
资助购房	342	6.1	405	6.3	204	5.2
其他支出	135	2.4	170	2.6	60	1.5
转移性支出	5 641	100.0	6 428	100.0	3 929	100.0

表9-21展示了我国不同区域家庭的转移性支出构成情况。数据显示，对东部地区家庭而言，节假日支出均值为2 605元，在各区域中占比最高，达到40.7%。相比之下，红白喜事支出占比在中部地区、西部地区和东北地区家庭中较高，分别为38.0%、35.4%和43.2%，都高于东部地区家庭。

表9-21　不同区域家庭的转移性支出构成情况

类别	东部		中部		西部		东北	
	均值/元	比例/%	均值/元	比例/%	均值/元	比例/%	均值/元	比例/%
节假日支出	2 605	40.7	2 140	37.9	1 659	32.7	1 532	29.0
红白喜事支出	1 803	28.1	2 150	38.0	1 793	35.4	2 280	43.2
教育资助	495	7.7	354	6.3	320	6.3	365	6.9
医疗资助	286	4.4	258	4.6	132	2.6	143	2.7
生活费资助	709	11.1	226	4.0	430	8.5	497	9.4
捐赠或资助	124	1.9	78	1.4	136	2.7	76	1.4
资助购房	145	2.3	380	6.7	509	10.0	256	4.9
其他支出	240	3.8	65	1.1	89	1.8	134	2.5
转移性支出	6 407	100.0	5 651	100.0	5 068	100.0	5 283	100.0

表9-22统计了转移性支出的对象分布情况。转移性支出的对象可以分为三类：父母、公婆或岳父母、其他亲属。

从全国范围来看，其他亲属是转移性支出的主要对象，对其支出金额占转移性支出的75.9%；其次是对父母的支出，占比为15.6%；对公婆或岳父母的支出占比最低，为8.5%。城乡家庭和不同区域家庭的转移性支出对象分布与全国的规律大体一致，即其他亲属始终是主要对象。

在城镇家庭中，对其他亲属的支出占比为73.7%；而在农村家庭中，这一比例更高，达到85.8%。这种分布情况可能与家庭的社会关系网络有关。农村家庭更依赖于广泛的亲属网络，因此在转移性支出中，对其他亲属的支出金额占比较高。

表9-22 转移性支出的对象分布 　　　　单位:%

对象	全国	城镇	农村	东部	中部	西部	东北
父母	15.6	17.3	8.0	19.1	9.6	17.4	8.8
公婆或岳父母	8.5	9.0	6.2	9.9	6.1	9.3	5.6
其他亲属	75.9	73.7	85.8	71.0	84.3	73.3	85.6
转移性支出	100.0	100.0	100.0	100.0	100.0	100.0	100.0

9.2.4 保险支出

保险支出主要由社会保险支出、商业保险支出和汽车保险支出三部分构成。其中，社会保险支出仅统计个人缴纳部分[①]，涵盖社会养老保险、企业年金、社会医疗保险和住房公积金。

表9-23展示了我国家庭的保险支出情况。从全国范围来看，社会保险支出均值为6 402元，占比为72.8%，是保险支出中最主要的组成部分。其中，社会养老保险支出均值为2 472元，占比28.1%；企业年金支出均值为470元，占比5.3%；社会医疗保险支出均值为1 071元，占比12.2%；住房公积金支出均值为2 389元，占比27.2%。商业保险支出涵盖商业人寿保险支出、商业健康保险支出、商业其他险支出和年金保险支出。其中，商业人寿保险支出占比最高，为7.2%。

分城乡来看，城乡家庭在保险支出结构上存在差异。城镇家庭的社会保险支出均值为8 890元，占比73.9%，高于农村家庭的2 147元和65.6%。相比之下，农村家庭的商业保险支出占比和汽车保险支出占比分别为17.1%和17.3%，相应高于城镇家庭的16.3%和9.8%。

表9-23 我国家庭的保险支出

类别	全国		城镇		农村	
	均值/元	比例/%	均值/元	比例/%	均值/元	比例/%
社会保险支出	6 402	72.8	8 890	73.9	2 147	65.6
——社会养老保险支出	2 472	28.1	3 384	28.1	913	27.9

---

① 注：社会保险支出的个人缴纳部分主要包括：①单位代扣代缴部分，即用人单位依法从职工工资中扣除的应由个人承担的社会保险费；②灵活就业人员自行缴纳的社会保险费；③城乡居民医疗保险和养老保险的个人缴费部分。

表9-23（续）

类别	全国		城镇		农村	
	均值/元	比例/%	均值/元	比例/%	均值/元	比例/%
——企业年金支出	470	5.3	712	5.9	55	1.7
——社会医疗保险支出	1 071	12.2	1 246	10.4	771	23.5
——住房公积金支出	2 389	27.2	3 548	29.5	408	12.5
商业保险支出	1 442	16.4	1 957	16.3	561	17.1
——商业人寿保险支出	635	7.2	822	6.8	316	9.7
——商业健康保险支出	523	6.0	731	6.1	167	5.1
——商业其他险支出	132	1.5	185	1.6	41	1.2
——年金保险支出	152	1.7	219	1.8	37	1.1
汽车保险支出	951	10.8	1 177	9.8	565	17.3
保险支出	8 795	100.0%	12 024	100.0%	3 273	100.0

表9-24统计了我国不同区域家庭的保险支出情况。总体来看，社会保险支出在各区域家庭的保险支出中均占据主导地位。东部地区家庭的社会保险支出均值为9 064元，显著高于中部地区、西部地区和东北地区家庭的4 632元、5 542元和5 226元。

从保险支出结构来看，东北地区家庭的社会保险支出占比最高，达到77.2%。其中，社会养老保险支出占比达到33.1%，这一比例可能与该地区人口老龄化程度较高有关。相比之下，商业保险支出占比在东部地区家庭中最高，达到17.3%，反映了其较高的收入水平和较强的风险意识。

表9-24　不同区域家庭的保险支出

类别	东部		中部		西部		东北	
	均值/元	比例/%	均值/元	比例/%	均值/元	比例/%	均值/元	比例/%
社会保险支出	9 064	72.6	4 632	72.1	5 542	72.4	5 226	77.2
——社会养老保险支出	3 582	28.7	1 958	30.5	1 923	25.1	2 241	33.1
——企业年金支出	544	4.3	276	4.3	548	7.2	349	5.2
——社会医疗保险支出	1 206	9.7	854	13.3	1 081	14.1	1 077	15.9
——住房公积金支出	3 732	29.9	1 544	24.0	1 990	26.0	1 559	23.0
商业保险支出	2 157	17.3	1 002	15.6	1 241	16.2	928	13.7
——商业人寿保险支出	1 011	8.1	450	7.0	502	6.6	372	5.5
——商业健康保险支出	772	6.2	376	5.9	441	5.8	382	5.6

表9-24(续)

类别	东部		中部		西部		东北	
	均值/元	比例/%	均值/元	比例/%	均值/元	比例/%	均值/元	比例/%
——商业其他险支出	112	0.9	83	1.3	187	2.4	79	1.2
——年金保险支出	262	2.1	93	1.4	111	1.4	95	1.4
汽车保险支出	1 262	10.1	791	12.3	875	11.4	619	9.1
保险支出	12 483	100.0	6 425	100.0	7 658	100.0	6 773	100.0

10　保险与保障

保险与保障作为家庭金融资产的重要组成部分，兼具风险规避、储蓄和投资等多重属性，已成为中国居民现代生活中不可或缺的组成部分。

10.1　社会保障

10.1.1　养老保险

（1）社会养老保险覆盖率

表10-1展示了我国居民的社会养老保险拥有情况。根据2021年的中国家庭金融调查数据，全国范围内拥有社会养老保险的居民占83.9%，其中拥有基本养老保险的占73.4%，拥有机关事业单位退休金或离休金的占10.5%；无社会养老保险的居民占16.1%。

表 10-1　社会养老保险拥有情况　　　　　　　　　　单位:%

有无社会养老保险	全国	城镇	农村	东部	中部	西部	东北
无社会养老保险	16.1	12.9	22.7	14.4	14.7	18.9	18.8
有社会养老保险	83.9	87.1	77.3	85.6	85.3	81.1	81.2
——有基本养老保险	73.4	72.3	75.7	74.8	74.9	70.9	71.3
——有机关事业单位退休金或离休金	10.5	14.8	1.6	10.8	10.4	10.2	9.9

注：以上数据来源于18周岁及以上的非在校生样本。

分城乡来看，在城镇地区，拥有社会养老保险的居民占87.1%，其中拥有基本养老保险的占72.3%，拥有机关事业单位退休金或离休金的占14.8%；在农村地区，拥有社会养老保险的居民占77.3%，比城镇地区低9.8个百分点，其中拥有基本养老保险的占75.7%，拥有机关事业单位退休金或离休金的仅占1.6%。农村居民中无社会养老保险的占比较高，反映出农村地区在社会养老保障方面存在较大缺口。加强农村地区的社会保障体系建设，对改善农村地区居民的生活质量、促进社会公平具有重要意义。

分区域来看，东部地区和中部地区的社会养老保险覆盖率较高，分别为85.6%和

85.3%；西部地区和东北地区的社会养老保险覆盖率相对较低，分别为 81.1% 和 81.2%，两者较为接近。

表 10-2 展示了我国居民拥有的社会养老保险类型分布情况。总体来看，在拥有社会养老保险的居民中，城镇职工基本养老保险和城乡居民社会养老保险的占比分别为 42.5% 和 42.8%，两者较为接近。

分城乡来看，在城镇地区，居民以城镇职工基本养老保险为主，占比为 56.2%；拥有机关事业单位退休金或离休金的占比为 17.0%。在农村地区，城乡居民社会养老保险占据主导地位，占比高达 84.4%；拥有城镇职工基本养老保险的仅占 10.6%；拥有机关事业单位退休金或离休金的占比较低，仅为 2.0%。这一分布反映出农村地区社会保障体系的特殊性，即城乡居民社会养老保险占据主导地位。

分区域来看，东部地区和东北地区居民在城镇职工基本养老保险方面的占比较高，分别为 50.9% 和 54.0%。这种较高的占比可能与这些地区的工业化程度较高、就业机会较多有关，这些因素促进了城镇职工基本养老保险的广泛覆盖。相比之下，中部地区和西部地区居民在城乡居民社会养老保险方面的占比较高，分别为 49.4% 和 51.9%。

表 10-2　社会养老保险类型分布　　　　　　　　　　　　　单位:%

类型	全国	城镇	农村	东部	中部	西部	东北
机关事业单位退休金或离休金	12.5	17.0	2.0	12.6	12.2	12.6	12.2
城镇职工基本养老保险	42.5	56.2	10.6	50.9	35.4	32.7	54.0
城乡居民社会养老保险	42.8	24.9	84.4	35.2	49.4	51.9	31.5
其他	2.2	1.9	3.0	1.3	3.0	2.8	2.3

注：以上数据来源于 18 周岁及以上的非在校生样本。

（2）社会养老保险金领取情况

表 10-3 统计了拥有社会养老保险且年龄在 60 周岁及以上的居民中，领取社会养老保险金的比例。从全国范围来看，91.2% 的居民已开始领取社会养老保险金。其中，城镇居民的领取比例为 92.6%，高于农村居民的 88.6%。分性别来看，女性领取社会养老保险金的占比为 92.7%，略高于男性的 89.7%，这一趋势在城乡和各区域都有所体现。

分城乡来看，在城镇地区，已开始领取社会养老保险金的居民比例较高，其中男性为 90.4%，女性为 94.6%。在农村地区，男性和女性的领取比例分别为 88.5% 和 88.8%，其中男性比例略低于全国平均水平。这种差异可能与城镇地区社会保障体系更加完善、居民对社会养老保险的认知度和参与度更高有关。

分区域来看，西部地区和东北地区领取社会养老保险金的居民占比相对较高，分别为 92.8% 和 92.7%；而东部地区和中部地区的居民占比相对较低，分别为 90.4% 和 90.7%。具体来看，在男性占比上，东部地区最低，为 88.9%；在女性占比上，中部地区最低，为

91.8%。总体来看，西部地区和东北地区领取社会养老保险金的居民占比普遍高于东部地区和中部地区。这一现象可能与不同地区的经济发展水平、社会保障政策实施力度及人口结构等因素有关。

表 10-3　60 周岁及以上的居民中领取社会养老保险金的比例　　　单位:%

性别	全国	城镇	农村	东部	中部	西部	东北
男性	89.7	90.4	88.5	88.9	89.5	91.5	89.7
女性	92.7	94.6	88.8	91.9	91.8	93.6	95.4
总体	91.2	92.6	88.6	90.4	90.7	92.8	92.7

（3）费用缴纳和保险金领取

表 10-4 统计了我国居民的社会养老保险费用缴纳情况。从全国范围来看，在缴纳社会养老保险费用的群体中，社会养老保险的缴纳均值为 3 555 元，中位数为 2 220 元。其中，城镇职工基本养老保险的缴纳均值最高，达到 6 936 元；城乡居民社会养老保险的缴纳均值为 794 元。

分城乡来看，城镇居民的社会养老保险缴纳均值为 5 053 元，显著高于农村居民的 1 193 元。在具体险种方面，城镇居民在城镇职工基本养老保险方面的缴纳水平较高，均值为 7 037 元；而农村居民则更多地依赖城乡居民社会养老保险，其缴纳均值为 391 元，缴纳水平相对较低。

表 10-4　社会养老保险费用缴纳情况　　　单位: 元

类别	全国		城镇		农村	
	均值	中位数	均值	中位数	均值	中位数
总体	3 555	2 220	5 053	4 200	1 193	200
城镇职工基本养老保险	6 936	6 000	7 037	6 000	6 183	5 172
城乡居民社会养老保险	794	200	1 430	350	391	200
其他	1 748	700	2 284	2 220	1 116	302

注：城镇职工基本养老保险不包括单位缴纳部分。

表 10-5 统计了我国居民的社会养老保险金领取情况。从全国范围来看，社会养老保险金领取额的均值为 24 743 元，中位数为 24 000 元。其中，城镇职工基本养老保险金领取额的均值为 38 646 元，城乡居民社会养老保险金领取额的均值为 3 065 元。

分城乡来看，城镇居民社会养老保险金领取额的均值为 33 025 元，显著高于农村居民的 4 972 元。在具体险种方面，城镇居民在城镇职工基本养老保险金方面的领取额较高，均值为 39 127 元。相比之下，农村居民的社会养老保险金收入水平较低，其中，城乡居民社会养老保险金领取额的均值仅为2 190元。

表 10-5　社会养老保险金领取情况　　　　　　　单位：元

类别	全国		城镇		农村	
	均值	中位数	均值	中位数	均值	中位数
总体	24 743	24 000	33 025	33 600	4 972	1 620
城镇职工基本养老保险金	38 646	36 000	39 127	36 000	26 762	30 000
城乡居民社会养老保险金	3 065	2 040	4 433	2 592	2 190	1 500
其他	17 734	13 800	25 002	21 960	8 328	2 160

表 10-6 呈现了社会养老保险金领取群体的性别差异。从全国范围来看，男性领取额的均值为 28 520 元，中位数为 29 760 元；女性领取额的均值为 21 852 元，中位数为 20 400元。数据显示，男性的社会养老保险金领取额显著高于女性，反映出性别间的收入差距。

分城乡来看，城镇居民的社会养老保险金领取额显著高于农村居民，且城乡之间在性别方面的差异同样明显。在城镇地区，男性领取额的均值为 39 621 元，中位数为 40 800 元；女性领取额的均值为 28 440 元，中位数为 28 800 元。在农村地区，男性领取额的均值为 6 321 元，中位数为 1 680 元；女性领取额的均值为 3 678 元，中位数为 1 560 元。这种城乡及性别间的领取额差异可能与就业机会、职业分布、社会保障体系的覆盖范围等因素有关。

表 10-6　性别与社会养老保险金领取　　　　　　　单位：元

性别	全国		城镇		农村	
	均值	中位数	均值	中位数	均值	中位数
男性	28 520	29 760	39 621	40 800	6 321	1 680
女性	21 852	20 400	28 440	28 800	3 678	1 560

（4）企业年金

表 10-7 展示了我国居民的企业年金拥有情况和领取情况。

从全国范围来看，在拥有机关事业单位退休金或离休金、参保城镇职工基本养老保险金的群体中，拥有企业年金的占 11.7%。其中，城镇居民占比 12.0%，农村居民占比8.4%。在全国范围内，领取企业年金的居民占 14.0%。其中，城镇居民占比 14.0%，农村居民占比 14.8%。

总体来看，城镇地区拥有企业年金的居民比例高于农村地区，但领取企业年金的居民比例在城乡间的差异较小。

表 10-7   企业年金拥有情况和领取情况   单位:%

区域	拥有企业年金的居民比例	领取企业年金的居民比例
全国	11.7	14.0
城镇	12.0	14.0
农村	8.4	14.8

注: 样本范围限定于拥有机关事业单位退休金或离休金、城镇职工基本养老保险金的群体。"领取企业年金的居民比例"的计算对象限定于拥有企业年金的群体。

图 10-1 展示了企业年金拥有群体的个人缴纳额、领取额和账户余额情况。数据显示,个人缴纳额的均值为 8 635 元,中位数为 4 800 元;个人领取额的均值为 18 556 元,中位数为 6 000 元;个人账户余额的均值为 28 344 元,中位数为 16 000 元。

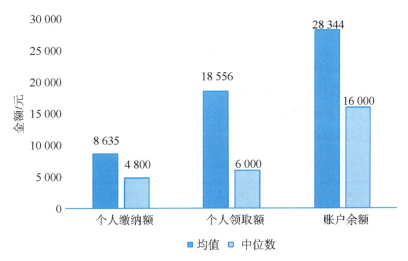

图 10-1   企业年金个人缴纳额、领取额和账户余额

10.1.2 医疗保险

(1) 医疗保险覆盖率

图 10-2 展示了我国的社会医疗保险覆盖情况。数据显示,从全国范围来看,社会医疗保险覆盖率达到 89.6%。其中,城镇地区的社会医疗保险覆盖率为 90.0%,农村地区为 89.0%。总体来看,我国的社会医疗保险制度在城乡地区均取得了显著的覆盖成效。

表 10-8 统计了不同类型社会医疗保险的分布情况。从全国范围来看,在拥有社会医疗保险的居民中,参保城乡居民基本医疗保险的占比最高,达到 70.0%;其次是参保城镇职工基本医疗保险的居民占比,为 29.0%;享受公费医疗的居民占比最低,仅为 1.0%。

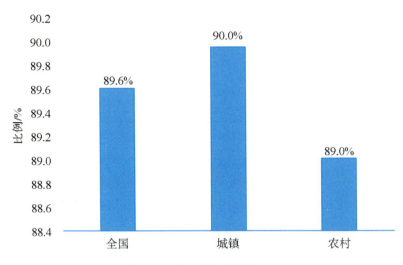

图 10-2 社会医疗保险覆盖率

分城乡来看，城镇地区拥有城镇职工基本医疗保险的居民占比为42.3%，比农村地区高出 36 个百分点；而农村地区拥有城乡居民基本医疗保险的居民占比最高，达到93.2%。总体来看，城镇居民更多地依赖城镇职工基本医疗保险，而农村居民更多地依赖城乡居民基本医疗保险。这一现象反映了城乡间在不同类型社会医疗保险上的覆盖差异。

表 10-8 不同类型社会医疗保险的分布情况   单位:%

类型	全国	城镇	农村
城镇职工基本医疗保险	29.0	42.3	6.3
城乡居民基本医疗保险	70.0	56.4	93.2
公费医疗	1.0	1.3	0.5

（2）保险费用缴纳情况

表 10-9 统计了我国居民的社会医疗保险费用缴纳情况。从全国范围来看，社会医疗保险费用缴纳均值为 603 元，中位数为 244 元。其中，城镇职工基本医疗保险的缴纳均值最高，达到 1 877 元，中位数为 1 303 元；城乡居民基本医疗保险的缴纳均值为 262 元，中位数为 244 元。

分城乡来看，城镇居民的社会医疗保险费用缴纳均值为 806 元，中位数为 280 元，显著高于农村地区的 327 元和 244 元。在具体险种方面，城镇职工基本医疗保险在城镇地区的缴纳金额最高，均值为 1 890 元；而城乡居民基本医疗保险在农村地区的缴纳金额最低，均值仅 255 元。

总体而言，我国的社会医疗保险费用缴纳水平因保险类型和城乡差异而有所不同。城镇地区的社会医疗保险费用缴纳水平显著高于农村地区，尤其是在城镇职工基本医疗保险方面。相比之下，农村居民更多地依赖城乡居民基本医疗保险，但其缴纳水平相对较低。这种差异不仅反映出我国的社会医疗保险体系在保障水平和缴费能力上的城乡二元结构，也体现了不同类型保险在覆盖人群和缴费政策上的不同特点。

表 10-9　社会医疗保险费用缴纳情况　　　　　　　　　　　单位：元

类型	全国		城镇		农村	
	均值	中位数	均值	中位数	均值	中位数
总体	603	244	806	280	327	244
城镇职工基本医疗保险	1 877	1 303	1 890	1 340	1 756	1 000
城乡居民基本医疗保险	262	244	269	244	255	244

注：城镇职工基本医疗保险不包括单位缴纳部分。

10.1.3　失业保险

图 10-3 呈现了我国居民的失业保险覆盖率和领取率。从全国范围来看，在非农就业群体中，失业保险覆盖率为 66.9%，失业保险领取率为 2.4%。

分城乡来看，城镇居民的失业保险覆盖率为 67.9%，失业保险领取率与全国平均水平一致，为 2.4%；农村居民的失业保险覆盖率为 58.4%，失业保险领取率相对较高，为 2.9%。数据显示，城镇地区的失业保险覆盖范围较大，而农村地区的覆盖范围相对较小，有待进一步拓展。

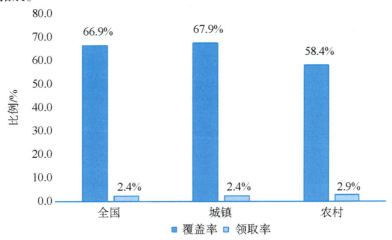

图 10-3　失业保险覆盖率与领取率

注：失业保险覆盖率仅针对非农就业样本，失业保险领取率仅针对有失业保险的样本。

10.1.4 住房公积金

(1) 住房公积金覆盖率

表 10-10 展示了我国居民的住房公积金基本情况。在住房公积金拥有方面,从全国范围来看,2020 年拥有住房公积金的居民占 28.1%。其中,城镇居民占比 32.2%,比农村居民高出 18.2 个百分点。在住房公积金提取方面,从全国范围来看,2020 年提取住房公积金的居民占 18.1%。其中,城镇居民占比 18.9%,农村居民占比 11.2%。整体来看,城镇地区拥有和提取住房公积金的居民比例均高于农村地区。

表 10-10　住房公积金基本情况　　　　　　　　单位:%

基本情况	全国	城镇	农村
拥有住房公积金的居民比例	28.1	32.2	14.0
提取住房公积金的居民比例	18.1	18.9	11.2

注:样本范围是非农就业群体及参保城镇职工基本养老保险或城镇职工基本医疗保险的群体。

(2) 缴存情况及账户余额

表 10-11 统计了我国居民的住房公积金缴存情况及账户余额。从全国范围来看,住房公积金个人缴存额的均值为 10 034 元,中位数为 7 560 元;个人账户余额的均值为 43 512 元,中位数为 20 000 元。

分城乡来看,城镇居民个人缴存额的均值为 10 426 元,中位数为 8 100 元;个人账户余额的均值为 45 704 元,中位数为 20 000 元。相比之下,农村居民个人缴存额的均值为 6 757元,中位数为 4 548 元;个人账户余额的均值为 24 188 元,中位数为 10 000 元。数据显示,城镇居民的住房公积金个人缴存额和个人账户余额均显著高于农村居民,这一差距反映了城乡间在住房公积金覆盖和积累方面的差异。

表 10-11　住房公积金缴存情况及账户余额　　　　　单位:元

区域	个人缴存额		个人账户余额	
	均值	中位数	均值	中位数
全国	10 034	7 560	43 512	20 000
城镇	10 426	8 100	45 704	20 000
农村	6 757	4 548	24 188	10 000

(3) 提取金额及使用情况

图 10-4 展示了我国居民的住房公积金提取金额分布情况。从全国范围来看,住房公积金提取金额的均值为 37 081 元,中位数为 20 000 元。

分城乡来看，在城镇地区，住房公积金提取金额的均值为 38 389 元，中位数为 20 000 元；在农村地区，住房公积金提取金额的均值为 16 666 元，中位数为 10 000 元。由此可见，城镇居民的住房公积金提取金额显著高于农村居民。

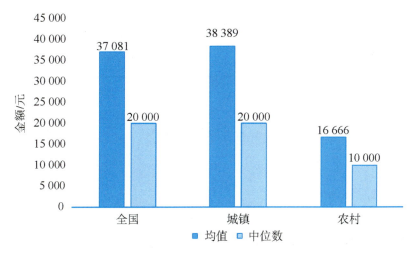

图 10-4   住房公积金提取金额分布情况

表 10-12 展示了我国居民提取住房公积金的原因。从全国范围来看，提取住房公积金的主要原因是"偿还购房贷款本息"，占比为 40.3%；其次是"买房"，占比 32.3%。此外，"其他原因"占比 9.5%，"付房租"占比 6.6%，"房屋建造、大修、翻建"占比 4.9%。

分城乡来看，在城镇地区，"偿还购房贷款本息"的占比最高，达到 41.5%；其次是"买房"，占比为 32.2%。在农村地区，"买房"的占比最高，达到 35.1%；其次是"其他原因"，占比为 23.2%；此外，"偿还购房贷款本息"和"付房租"的占比也较高，分别为 21.0% 和 17.6%。总体来讲，城镇居民提取住房公积金主要用于购房相关支出，而农村居民提取住房公积金的原因则较为多样化。这种差异可能与城乡住房市场结构及居民住房需求的不同有关。

表 10-12   提取住房公积金的原因　　　　　　　　　　　　　单位:%

原因	全国	城镇	农村
偿还购房贷款本息	40.3	41.5	21.0
买房	32.3	32.2	35.1
其他原因	9.5	8.5	23.2
付房租	6.6	5.9	17.6
房屋建造、大修、翻建	4.9	5.2	—
离休、退休	2.5	2.6	2.1

表10-12(续)

原因	全国	城镇	农村
交物业费	1.9	2.0	—
家庭成员发生重大疾病	1.3	1.3	1.0
出境定居	0.4	0.5	—
与单位解除劳动关系	0.3	0.3	—

10.2 商业保险

10.2.1 商业保险投保情况

表 10-13 统计了我国居民的商业保险投保情况。从全国范围来看，商业人寿保险的投保率为 4.2%，商业健康保险的投保率为 4.8%，其他商业保险的投保率为 1.7%，年金保险的投保率为 0.8%，而未购买任何商业保险的比例高达 87.3%。

分城乡来看，城镇居民的商业保险投保率普遍高于农村居民。具体来看，城镇居民在商业健康保险方面的投保比例为 6.4%，在商业人寿保险方面的投保比例为 5.4%，两者均显著高于农村居民的 2.2% 和 2.1%。而农村地区未购买任何商业保险的居民占比高达 91.4%，显著高于城镇地区的 84.9%。

总体而言，我国居民的商业保险投保率偏低，尤其是在农村地区，商业保险的普及程度亟待提升。这种城乡差异可能与城镇地区较高的经济发展水平及城镇居民较强的风险意识有关。提高农村地区的商业保险普及率，对增强农村居民的风险抵御能力具有极其重要的意义。

表 10-13 商业保险投保情况　　　　　　　　　单位:%

类型	全国	城镇	农村
商业人寿保险	4.2	5.4	2.1
商业健康保险	4.8	6.4	2.2
其他商业保险	1.7	1.9	1.3
年金保险	0.8	1.1	0.3
都没有	87.3	84.9	91.4

注：此部分涉及多项选择题。

表 10-14 展示了性别与商业保险投保比例之间的关系。数据显示，女性投保商业保险

的比例为 10.5%，略高于男性的 10.0%。具体来看，在商业健康保险和商业人寿保险方面，女性的投保比例分别为 5.3% 和 4.4%，均高于男性；而在其他商业保险和年金保险方面，男性的投保比例分别为 1.9% 和 0.9%，略高于女性。

表 10-14　性别与商业保险投保比例　　　　　　　　　　　单位:%

类型	男性	女性
总体	10.0	10.5
商业人寿保险	4.0	4.4
商业健康保险	4.4	5.3
其他商业保险	1.9	1.4
年金保险	0.9	0.8

表 10-15 展示了年龄与商业保险投保比例之间的关系。数据显示，总体来看，41~50 周岁年龄段居民的商业保险投保比例最高，达到 13.3%；其次是 30 周岁及以下年龄段居民，投保比例为 11.9%；31~40 周岁年龄段居民的投保比例为 11.5%；51~60 周岁年龄段居民的投保比例为 9.7%；而 60 周岁以上年龄段居民的投保比例最低，仅为 4.7%。

具体来看，在商业人寿保险方面，41~50 周岁年龄段居民的投保比例最高，为 5.7%；在商业健康保险方面，31~40 周岁年龄段居民的投保比例最高，为 6.2%；在年金保险方面，30 周岁及以下年龄段居民的投保比例最高，为 1.3%。

表 10-15　年龄与商业保险投保比例　　　　　　　　　　　单位:%

年龄段	总体	商业人寿保险	商业健康保险	其他商业保险	年金保险
30 周岁及以下	11.9	4.2	6.0	1.9	1.3
31~40 周岁	11.5	4.6	6.2	1.8	0.6
41~50 周岁	13.3	5.7	6.1	2.5	0.8
51~60 周岁	9.7	4.8	4.2	1.2	0.7
60 周岁以上	4.7	2.3	1.4	0.9	0.3

注:此部分涉及多项选择题。

表 10-16 展示了学历与商业保险投保比例之间的关系。从受教育程度来看，随着居民学历水平的提高，商业保险总体投保比例显著增加，这反映出高学历群体的风险保障意识和长期规划能力更强。其中，博士研究生学历群体的商业保险投保比例最高，达到 30.4%；其次是硕士研究生学历群体，投保比例为 27.2%；本科学历群体的投保比例为 17.0%；而没上过学的群体，其投保比例最低，仅为 2.7%。

具体来看，在商业健康保险方面，博士研究生学历群体的投保比例最高，为 28.6%；

在商业人寿保险方面，硕士研究生学历群体的投保比例最高，为 10.6%。这一现象表明，不同学历水平的居民在商业保险需求上存在显著差异。高学历群体通常具有更强的保障意识和经济实力，更倾向于通过商业保险来提升抗风险能力。相比之下，低学历群体可能因经济条件限制或对商业保险产品了解不足而较少参与。

表 10-16　学历与商业保险投保比例 　　　　　　　　　　　　　单位:%

学历	总体	商业人寿保险	商业健康保险	其他商业保险	年金保险
没上过学	2.7	0.6	0.8	0.8	0.5
小学	3.9	1.4	1.5	1.0	0.2
初中	7.1	2.9	2.8	1.4	0.3
高中	10.1	4.6	4.1	1.7	0.6
中专或职高	10.6	4.9	3.9	1.9	0.4
大专或高职	14.7	6.5	7.0	2.1	1.2
本科	17.0	8.0	8.6	2.4	1.1
硕士研究生	27.2	10.6	16.0	3.8	0.9
博士研究生	30.4	4.7	28.6	0.6	1.5

注：此部分涉及多项选择题。

10.2.2　商业人寿保险

表 10-17 展示了我国居民的商业人寿保险投保情况。从全国范围来看，商业人寿保险投保总额的均值为 268 622 元，中位数为 100 000 元；缴纳保费的均值为 7 413 元，中位数为 4 000 元。

表 10-17　商业人寿保险投保情况 　　　　　　　　　　　　　单位：元

区域	投保总额		缴纳保费	
	均值	中位数	均值	中位数
全国	268 622	100 000	7 413	4 000
城镇	287 869	100 000	7 894	4 353
农村	181 491	48 235	5 495	4 000

分城乡来看，城镇居民商业人寿保险投保总额的均值为 287 869 元，中位数为 100 000 元；缴纳保费的均值为 7 894 元，中位数为 4 353 元。相比之下，农村居民商业人寿保险投保总额的均值为 181 491 元，中位数为 48 235 元；缴纳保费的均值为 5 495 元，中位数为 4 000 元。这种城乡差异可能与城镇居民较高的收入水平、较强的风险防范意识及城镇

地区更广泛的保险市场覆盖范围有关。

表 10-18 统计了我国居民的商业人寿保险分红情况。从全国范围来看，获得分红的居民占 32.4%，分红均值为 2 178 元，中位数为 1 000 元。

分城乡来看，城镇居民获得商业人寿保险分红的占比为 33.4%，高于全国平均水平，但分红均值为 2 077 元，显著低于农村居民；农村居民获得分红的占比为 27.9%，分红均值为 2 789 元，中位数为 857 元。这表明，我国居民在商业人寿保险方面的收益存在城乡差异。

表 10-18　商业人寿保险分红情况

区域	获得分红的居民占比/%	分红均值/元	分红中位数/元
全国	32.4	2 178	1 000
城镇	33.4	2 077	1 000
农村	27.9	2 789	857

注：数据为实际到账的分红金额。

表 10-19 展示了我国居民的商业人寿保险理赔情况。从全国范围来看，获得理赔的居民占 2.6%，赔付额均值为 6 533 元，中位数为 2 500 元。

分城乡来看，农村居民获得商业人寿保险理赔的占比高于城镇居民，但其赔付额均值较低。具体而言，城镇居民获得理赔的占比为 2.1%，赔付额均值为 8 236 元；而农村居民获得理赔的占比为 4.5%，赔付额均值为 2 843 元。这种差异可能与城乡居民的保险需求、参保类型及风险暴露程度有关。一方面，农村居民可能面临更大的健康风险或意外风险，导致理赔比例相对较高；另一方面，城镇居民可能更多地选择保额较高或保障范围更广的保险产品，从而获得更高的理赔额。

表 10-19　商业人寿保险理赔情况

区域	获得理赔的居民占比/%	理赔额均值/元	理赔额中位数/元
全国	2.6	6 533	2 500
城镇	2.1	8 236	3 000
农村	4.5	2 843	2 500

注：数据为实际到账的理赔额；由于样本量不足，理赔额可能存在一定偏差。

10.2.3　商业健康保险

表 10-20 统计了我国居民的商业健康保险投保情况。从全国范围来看，购买疾病保险的居民占比最高，达到 69.2%；其次是购买商业医疗保险的居民，占比为 31.0%；购买医疗意外险的居民占比为 18.5%；购买护理保险的比例为 1.1%；购买收入保障保险的比例最低，为 0.9%。

具体来看，在疾病保险和商业医疗保险方面，城镇居民的投保比例分别为 71.1% 和 34.0%，均高于农村居民，分别高出 10.8 个百分点和 17.4 个百分点。而在医疗意外险方面，农村居民的投保比例最高，达到 27.4%。这表明我国城乡居民在商业健康保险的偏好和需求上存在明显差异：城镇居民对疾病保险和商业医疗保险的需求更为旺盛，而农村居民则更倾向于购买疾病保险和医疗意外险。这种差异可能与城乡居民的收入水平、健康风险认知及保险产品的可及性等因素有关。

表 10-20　商业健康保险投保情况　　　　单位:%

类型	全国	城镇	农村
商业医疗保险	31.0	34.0	16.6
疾病保险	69.2	71.1	60.3
收入保障保险	0.9	1.0	0.3
护理保险	1.1	1.3	0.4
医疗意外险	18.5	16.6	27.4

注：此部分涉及多项选择题。

表 10-21 展示了我国居民的商业健康保险费用缴纳情况。从全国范围来看，商业医疗保险的费用缴纳均值为 4 995 元；疾病保险的费用缴纳均值为 4 807 元；医疗意外险的费用缴纳均值为 2 143 元；护理保险的费用缴纳均值最低，为 816 元。

分城乡来看，城镇居民在商业医疗保险、疾病保险和护理保险方面的费用缴纳均值分别为 5 222 元、5 079 元和 852 元，均高于农村居民。这表明在商业健康保险的支出上，城镇居民的缴费水平普遍高于农村居民。

表 10-21　商业健康保险费用缴纳情况　　　　单位：元

类型	全国	城镇	农村
	均值	均值	均值
商业医疗保险	4 995	5 222	2 728
疾病保险	4 807	5 079	3 281
护理保险	816	852	324
医疗意外险	2 143	2 134	2 166

表 10-22 展示了我国居民的商业健康保险理赔情况。从全国范围来看，疾病保险的理赔额均值最高，为 10 889 元；其次是商业医疗保险理赔额，均值为 7 489 元；医疗意外险的理赔额均值为 7 056 元。

分城乡来看，农村居民的商业医疗保险理赔额均值为 8 160 元，比城镇居民高出 733

元；而城镇居民的疾病保险理赔额均值和医疗意外险理赔额均值分别为 12 321 元和 8 751 元，显著高于农村居民的 3 573 元和 3 721 元。

表 10-22　商业健康保险理赔情况　　　　　　　单位：元

商业保险类型	全国	城镇	农村
	均值	均值	均值
商业医疗保险	7 489	7 427	8 160
疾病保险	10 889	12 321	3 573
医疗意外险	7 056	8 751	3 721

注：数据为实际到账的理赔额。

10.2.4　其他商业保险

表 10-23 统计了我国居民的其他商业保险投保情况。从全国范围来看，购买意外伤害保险的居民占比最高，达到 66.1%；其次是购买其他类型保险的居民，占比为 29.3%；购买家庭财产保险的居民占比最低，为 3.9%。

具体来看，在意外伤害保险方面，农村居民的投保比例最高，达到 73.7%，比城镇居民高出 10.7 个百分点；而在其他类型保险方面，城镇居民的投保比例最高，为 32.7%，比农村居民高出 11.6 个百分点。数据显示，农村居民更倾向于购买意外伤害保险，这可能与其面临意外风险的可能性较大、对意外风险防范的需求更为迫切有关。

表 10-23　其他商业保险投保情况　　　　　　　单位：%

类型	全国	城镇	农村
意外伤害保险	66.1	63.0	73.7
家庭财产保险	3.9	3.2	5.5
其他类型保险	29.3	32.7	21.1

注：此部分涉及多项选择题。

图 10-5 统计了我国居民的其他商业保险总保额。从全国范围来看，其他商业保险总保额的均值为 370 200 元，中位数为 99 999 元。

分城乡来看，城镇居民的其他商业保险总保额的均值为 415 673 元，中位数为 112 474 元；而农村居民的其他商业保险总保额的均值为 256 634 元，中位数为 30 000 元。数据显示，城镇居民的其他商业保险总保额的均值和中位数均显著高于农村居民。这一差异可能与城乡居民的经济条件、风险意识和保险需求等因素有关。城镇居民可能因收入水平高、风险意识更强而倾向于购买保额较高的保险产品，以获得更加全面的保障；相比之下，农村居民可能因收入水平较低、对保险知识掌握不够而倾向于购买保额相对较低的保险产品。

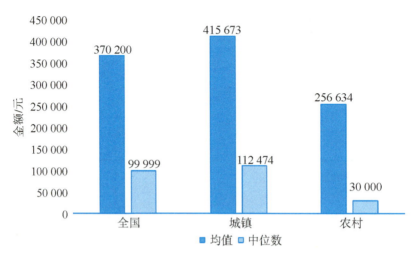

图 10-5　其他商业保险总保额

　　表 10-24 分析了我国居民的其他商业保险费用缴纳情况及理赔情况。从全国范围来看，其他商业保险费用缴纳均值为 3 260 元，中位数为 1 820 元；理赔额均值为 2 547 元，中位数为 1 910 元。

　　分城乡来看，城镇居民的其他商业保险费用缴纳均值为 3 916 元，中位数为 2 147 元；理赔额均值为 2 984 元，中位数为 2 389 元。相比之下，农村居民的其他商业保险费用缴纳均值为 1 657 元，中位数为 200 元；理赔额均值为 1 104 元，中位数为 891 元。总体而言，城镇居民在其他商业保险费用缴纳和理赔额方面均显著高于农村居民。

表 10-24　其他商业保险费用缴纳情况及理赔情况　　　　　　单位：元

具体情况	全国		城镇		农村	
	均值	中位数	均值	中位数	均值	中位数
费用缴纳	3 260	1 820	3 916	2 147	1 657	200
理赔额	2 547	1 910	2 984	2 389	1 104	891

注：数据为实际到账的理赔额。

10.2.5　年金保险

　　图 10-6 展示了我国居民的年金保险费用缴纳情况。从全国范围来看，年金保险费用缴纳均值为 9 332 元，中位数为 5 000 元。

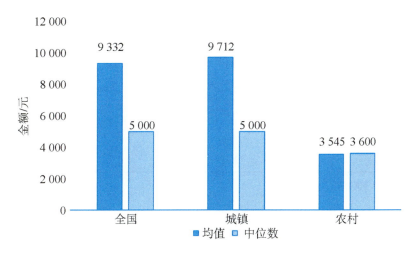

图 10-6　年金保险费用缴纳情况

分城乡来看，城镇居民的年金保险费用缴纳均值为 9 712 元，中位数为 5 000 元；而农村居民的年金保险费用缴纳均值为 3 545 元，中位数为 3 600 元。总体而言，城镇居民的年金保险费用缴纳金额显著高于农村居民。

10.2.6　商业保险购买方式

表 10-25 展示了我国居民的商业保险购买方式。从全国范围来看，"通过保险代理人购买"是主要渠道，占比达到 62.8%。此外，"线上购买"占比 8.9%，"线下柜台购买"占比 11.2%，"通过商业银行购买"占比 5.6%，"拨打电话购买"占比 1.1%，"通过保险经纪公司购买"占比为 8.9%，"其他方式"占比 7.2%。尽管"线上购买"的居民占比相对较低，但在城镇地区已初具规模，显示出数智化购买方式的潜力。

分城乡来看，城镇居民更倾向于"通过保险代理人购买""线下柜台购买"和"线上购买"，占比分别为 65.3%、11.9% 和 10.2%；而农村居民更依赖"通过保险代理人购买""其他方式"和"线下柜台购买"，占比分别为 54.8%、17.2% 和 9.1%。这一现象表明，保险代理人凭借其专业的服务和广泛的客户基础，成为居民购买商业保险的首选渠道。此外，随着互联网的普及和数字技术的发展，线上购买方式在城镇地区逐渐受到欢迎，显示出其在未来保险销售中的巨大潜力。

表 10-25　商业保险购买方式　　　　　　　　　　　　　　　　　单位:%

购买方式	全国	城镇	农村
线上购买	8.9	10.2	5.1
线下柜台购买	11.2	11.9	9.1

表10-25(续)

购买方式	全国	城镇	农村
通过保险代理人购买	62.8	65.3	54.8
通过商业银行购买	5.6	5.2	6.8
拨打电话购买	1.1	1.2	0.7
通过保险经纪公司购买	8.9	9.3	7.4
其他方式	7.2	4.1	17.2

注：此部分涉及多项选择题。